ESSAI

SUR LES

CARACTÈRES PHYSIQUES

ORGANOLEPTIQUES ET CHIMIQUES

QUE DOIVENT PRÉSENTER LES

PRINCIPALES PRÉPARATIONS

PHARMACEUTIQUES OFFICINALES

AINSI QUE LES

MÉDICAMENTS CHIMIQUES LE PLUS FRÉQUEMMENT EMPLOYÉS

ESSAI

SUR LES

CARACTÈRES PHYSIQUES

ORGANOLEPTIQUES ET CHIMIQUES

QUE DOIVENT PRÉSENTER LES

PRINCIPALES PRÉPARATIONS

PHARMACEUTIQUES OFFICINALES

AINSI QUE LES

MÉDICAMENTS CHIMIQUES LE PLUS FRÉQUEMMENT EMPLOYÉS

PAR P.-H. LEPAGE

(DE GISORS)

Pharmacien de première classe; Lauréat de plusieurs Sociétés savantes;
Membre du Conseil d'hygiène publique et de l'une des Commissions d'inspection des pharmacies du département de l'Eure;
Correspondant de l'Académie impériale des sciences, belles-lettres et arts de Rouen, de la Société centrale d'agriculture, et de la Société libre d'émulation de la même ville;
de la Société des sciences médicales et naturelles de Bruxelles;
de la Société linnéenne de Normandie;
des Sociétés de pharmacie de Paris, d'Anvers, de Lisbonne, de Turin, de Bordeaux, de Lyon, de Reims, de Rouen, de Toulouse;
de la Société impériale des sciences naturelles de Cherbourg, etc., etc.

ÉVREUX

IMPRIMERIE DE AUGUSTE HÉRISSEY

1866

A M. J. GIRARDIN

Correspondant de l'Institut de France;
Membre associé de l'Académie impériale de médecine; Doyen de la Faculté des sciences de Lille; Officier de la Légion d'honneur, etc., etc.

CHER MAITRE,

Daignez agréer l'hommage que je vous fais de cet Opuscule, comme un faible témoignage de ma vive et bien sincère affection.

H. LEPAGE.

Décembre 1865.

INTRODUCTION

Il y a six ans, nous présentâmes à la *Société des sciences médicales et naturelles de Bruxelles* un travail sur les caractères propres à distinguer les sirops médicamenteux, qui fut l'objet d'une distinction flatteuse pour nous de la part de la savante compagnie. M. le rapporteur, en le recommandant à ses collègues au point de vue de son utilité pratique, terminait en disant qu'il était digne, sous ce rapport, « de fixer l'attention de la Société d'une manière toute spéciale. »

D'un autre côté, un de nos plus savants confrères, M. F. Boudet, membre de l'Académie impériale de médecine, s'exprime ainsi en traitant le même sujet dans le *Journal de pharmacie et de chimie*, en 1860 : « Dans l'état actuel de la pharmacie, les praticiens jaloux « de concourir aux progrès de l'art pharmaceutique ne doivent pas « se proposer seulement pour but le perfectionnement des pro- « cédés de préparation des médicaments, ils peuvent encore faire « d'utiles applications de leur sagacité et de leurs connaissances en « se livrant à l'étude des caractères distinctifs des médicaments « simples et composés. Un véritable intérêt doit d'ailleurs s'attacher « à la détermination des caractères qui peuvent servir à constater « la bonne qualité et l'uniformité des médicaments, aujourd'hui « surtout que, malheureusement, un certain nombre de pharma- « ciens, au lieu de les préparer eux-mêmes, les puisent en grande « partie dans des laboratoires étrangers. Or, tout travail qui per- « mettrait d'apprécier les qualités de ces produits au moyen des « caractères organoleptiques, physiques ou chimiques, serait non- « seulement très-utile aux professeurs de nos écoles, mais encore « aux membres des conseils d'hygiène chargés des visites des

« pharmacies, pour discerner avec exactitude les médicaments « qui ne sont pas conformes aux prescriptions du Codex, etc. (1). »

D'après ce qui précède, l'on voit que l'importance de la question que nous essayons humblement de traiter dans cet opuscule n'a pas échappé à la haute sagacité des hommes les plus compétents et les plus recommandables de notre profession. Puisse donc ce modeste travail, sorte de *vade mecum* de l'inspecteur en pharmacie, répondre en partie à leurs si légitimes *desiderata.*

Pour le classement des matières, nous traitons dans un premier chapitre des préparations spécialement pharmaceutiques en procédant par classe et par ordre alphabétique; puis dans un autre chapitre nous nous occupons des préparations et produits chimiques les plus fréquemment employés en suivant aussi l'ordre alphabétique.

Nous avons fait notre possible pour être concis dans les descriptions, sans que cette concision cependant puisse nuire à l'intelligence des procédés indiqués.

Enfin nous tenons à faire remarquer, en terminant cette courte introduction, que notre travail n'est pas un *traité des falsifications* (ces sortes d'ouvrages ne manquent pas), mais qu'il consiste principalement à indiquer les caractères auxquels on peut reconnaître qu'une préparation ou un produit ont été bien faits.

(1) Les considérations ci-dessus n'avaient pas non plus échappé à la haute sagacité du savant et très-regrettable Soubeiran, ainsi que le témoignent les deux dernières éditions de son remarquable *Traité de pharmacie.*

CHAPITRE PREMIER

A

ALCOOLATS

Les alcoolats résultent, comme on le sait, de la distillation de l'alcool sur des substances contenant des principes volatils capables de passer à la distillation avec l'alcool et de rester en dissolution dans ce véhicule. Les huiles essentielles sont les principes qui s'y trouvent le plus fréquemment.

On distingue les alcoolats en *simples et composés.*

Les alcoolats simples possèdent toujours l'odeur, plus ou moins marquée, de la substance dont ils portent le nom.

Ceux de *mélisse*, *menthe poivrée*, *lavande* et *romarin* préparés par distillation avec les plantes fraîches, comme le prescrit le codex, *ne blanchissent pas sensiblement l'eau* (1); tandis que les alcoolats d'anis, de cannelle, de citrons, de girofles et de muscades *la blanchissent plus ou moins.*

ALCOOLATS COMPOSÉS

Alcoolat de Fioraventi. — Odeur très-marquée où l'on

(1) Les mêmes alcoolats, qui consisteraient en une simple dissolution d'huile volatile dans l'alcool, comme cela se pratique dans quelques pharmacies, *blanchiraient* au contraire par leur mélange avec l'eau.

distingue principalement celle du styrax et de la résine élemi. Blanchit fortement l'eau et doit marquer 84 à 86 degrés à l'alcoomètre centésimal, à la température de + 15.

Alcoolat de mélisse C. — Odeur très-aromatique, où l'on reconnaît celle de la mélisse qui doit dominer. Doit accuser 75 à 80 degrés à l'alcoomètre centésimal à la température de + 15. *Il blanchit fortement l'eau*, et ce dernier caractère appartient aussi bien à l'alcoolat obtenu d'après la *formule des Carmes,* consignée dans la pharmacopée de M. Guibourt et autres ouvrages, qu'à celui préparé selon le codex. Disons à cette occasion que la plupart des eaux de mélisse *dites des Carmes*, vendues comme *spécialité*, ne possèdent que très-faiblement ce caractère, et nullement l'odeur de mélisse; aussi, pour nous, ce sont des préparations de qualité bien inférieure à l'alcoolat si aromatique préparé d'après la formule du codex.

Alcoolat de Raifort C. — Odeur qui rappelle celle du cochléaria, saveur chaude puis piquante. Doit marquer 80 à 84° à l'alcoomètre centésimal. *Ne blanchit pas l'eau.*

Alcoolat vulnéraire. — Odeur aromatique *sui generis.* Marque ordinairement de 66 à 70 à l'alcoomètre de Gay-Lussac. *Ne blanchit pas l'eau d'une manière sensible.*

Alcoolatures. — (Voyez *Teintures de plantes fraîches.*)

Alcoolés. — (Voyez *Teintures.*)

Axonge. — L'axonge (graisse de porc) est l'excipient ordinaire des pommades. Elle doit être *très-blanche et sans odeur.*

Avec le temps l'axonge, même la mieux préparée, devient acide et contracte une odeur désagréable.

Plusieurs praticiens, et notamment M. Deschamps (d'Avallon), ont proposé, pour obvier à cet inconvénient, de la faire digérer, soit sur des bourgeons de peuplier, soit sur du benjoin réduit en poudre. L'axonge imprégnée du principe balsamique de ces substances se conserve en effet très-longtemps *sans rancir*.

Pour l'usage de notre officine, nous avons adopté, nous, depuis déjà longtemps pour la préparation d'une *axonge balsamique* le procédé suivant dont nous sommes très-satisfait :

Pr.	Axonge récemment préparée..	3 kilos.
	Baume noir du Pérou........	50 grammes.

Mêlez et faites digérer au bain-marie, dans un pot de faïence, pendant 15 à 20 minutes, en ayant soin de remuer fréquemment. Laissez ensuite déposer en maintenant le pot dans l'eau chaude; puis décantez sur une étoffe de laine. Agitez de temps en temps pendant le refroidissement.

L'axonge balsamique ainsi préparée est parfaitement blanche, possède une odeur très-agréable et peut se conserver plusieurs années sans éprouver la moindre altération. Elle devrait certainement être substituée à l'axonge ordinaire dans les formules de la plupart des pommades officinales et magistrales.

B

Baume d'Arcæus. — (Voyez *Onguent.*)

Baume du commandeur. — (Voyez *Teinture balsamique composée.*)

Baume de Fioraventi. — (Voyez *Alcoolat.*)

Baume nerval. — (Voyez *Pommade.*)

Baume tranquille. — Il doit être d'une couleur verte tirant assez souvant sur le jaunâtre vu par réflexion. Par réfraction il présente toujours une couleur rouge ou rougeâtre.

Si l'extérieur du flacon qui contient ce médicament pour le service ordinaire de l'officine *était maculé de taches poisseuses et très-adhérentes*, cela indiquerait que l'on a substitué l'huile d'œillette à l'huile d'olives dans sa préparation.

Le baume tranquille, agité avec quelques gouttes d'ammoniaque ou d'un soluté de potasse caustique, doit donner un mélange *blanc verdâtre* et non de couleur *brune* ou *gris sale tirant sur le jaunâtre*, comme cela aurait lieu s'il devait sa couleur verte à un mélange de curcuma et d'indigo. La potasse est préférable à l'ammoniaque pour faire cette expérience.

En agitant avec son volume d'eau et quelques gouttes d'un soluté de potasse le baume tranquille dont la couleur est normale, on doit obtenir une émulsion d'un *blanc verdâtre*, et si l'on donne au mélange le temps de se séparer en deux couches, celle inférieure doit être *verte*. En soumettant à la même expérience un baume qui aurait été coloré artificiellement, l'émulsion serait d'un *blanc jaunâtre;* et après séparation, la couche inférieure *jaunâtre* ou *brune* au lieu d'être *verte*.

Mais le caractère le plus important du baume tranquille, c'est d'y constater la présence des alcaloïdes des solanées *qu'il doit toujours contenir quand il a été bien préparé*. Voici à cet effet comment un jeune chimiste, M. Valser, conseille d'opérer : on prend 100 grammes de baume que l'on met dans un flacon avec 100 grammes d'alcool à 90, additionné de 2 grammes d'acide tartrique; on agite le mélange de temps en temps pendant quelques heures, puis, après un repos suffisant, on décante l'alcool surnageant et on l'évapore au bain-marie. On reprend le résidu par un peu d'eau distillée bouillante, et on filtre la solution à travers un filtre préalablement mouillé pour éliminer les corps gras qui se trouvent en suspension. Cette solution, additionnée de potasse caustique en léger excès, est agitée avec de l'éther; celui-ci décanté et évaporé laisse un résidu qui, dissous dans un peu d'eau distillée à la faveur d'une ou deux gouttes d'acide chlorhydrique, produit au contact de quelques gouttes d'iodure double de mercure et de potassium 2 H g I + K I (solution d'iodure de potassium au 12e *saturée* de biiodure de mercure) un trouble jaune caséeux *très-marqué*.

Nous avons simplifié ce procédé de la manière suivante, afin de pouvoir opérer au besoin dans la visite des officines : on prend 50 à 60 grammes de baume tranquille que l'on additionne d'autant d'eau distillée contenant un gramme d'acide tartrique ou citrique en dissolution; on agite le mélange à plusieurs reprises dans l'espace de 8 à 10 minutes, puis on laisse reposer. Quand la séparation des deux corps s'est effectuée, on décante la couche aqueuse sur un filtre préalablement mouillé à l'eau distillée, et l'on verse dans la liqueur claire, qui l'a traversé, quelques gouttes d'iodure double de mercure et de potassium, qui y produisent *immédiatement* le trouble jaune dont il est parlé plus haut.

Dès 1845, nous avions démontré, par des expériences physiologiques que nous avions instituées à cet effet (1), que

(1) Voir *Journal de chimie médicale et de toxicologie*. 1845.

les huiles, contrairement à l'opinion émise par quelques pharmacologistes, étaient aptes à dissoudre les principes actifs des solanées vireuses. Aujourd'hui, l'essai chimique du baume tranquille par le procédé que nous venons de décrire confirme pleinement les résultats de nos expériences de 1845.

C

Cérat. — Bien préparé, le cérat doit être très-blanc, onctueux, homogène, d'une odeur faible de rose ou d'amandes amères (1), et d'une consistance de crême épaisse.

Un cérat qui présenterait dans le haut du pot et autour du couvercle une sorte de *peau ou membrane très-adhérente* pourrait être considéré comme ayant été fait avec de l'huile d'œillette au lieu d'huile d'amandes douces, et cette substitution blâmable ne serait pas sans inconvénient, car le cérat à l'huile blanche rancit beaucoup plus vite que celui à l'huile d'amandes douces.

La cire végétale a été proposée dans ces derniers temps pour remplacer celle d'abeilles dans la préparation du cérat. Quand elle est *bien blanche et inodore*, il n'y aurait peut-être pas grand inconvénient à l'employer. Quoi qu'il en soit, on pourra toujours distinguer le cérat de cire d'abeilles de celui préparé avec la cire végétale au moyen du chloroforme, qui donne avec le dernier, au bout de quelques temps, un soluté *à peu près transparent*, tandis qu'avec le cérat de cire d'abeilles il reste toujours à la surface du chloroforme une épaisse couche blanche insoluble. C'est

(1) Quelques pharmaciens, au lieu d'aromatiser le cérat à l'eau de roses, préfèrent y ajouter quelques gouttes d'huile volatile d'amandes amères. Nous pensons que ce léger changement à la formule officielle peut être fait sans le moindre inconvénient.

d'ailleurs de tous les dissolvants que nous avons essayés celui qui nous a donné les résultats les plus nets.

D

Dragées d'iodure de fer. — Une seule de ces dragées, bien préparées, délayée dans 4 grammes d'eau distillée, doit donner un soluté qui, filtré, est à peine coloré et *ne bleuit pas au contact de la solution d'amidon.* Le carbonate de potasse y occasionne un léger précipité verdâtre. L'acide azotique versé en petit excès dans le liquide qui surnage, ce précipité le brunit, et si on l'agite avec 2 grammes de sulfure de carbone, celui-ci s'empare de l'iode qu'il contient et prend une magnifique teinte rose ou violacée.

Dragées d'iodure de fer et de manganèse. — Voir, pour leurs caractères, *Sirop d'iodure de fer et de manganèse.*

Dragées de lactate de fer. — L'intérieur de ces dragées doit être d'un *blanc jaunâtre* et posséder une saveur d'encre très-marquée. Si on le fait dissoudre dans de l'eau distillée, la solution ne doit pas donner avec le chlorure de baryum de précipité *insoluble dans l'acide azotique.*

Dragées de santonine. — Si l'on écrase une de ces dragées et qu'on la porte sur la langue, on ne tarde pas à percevoir la saveur amère spéciale à la santonine. Ces mêmes dragées, réduites en poudre et agitées avec de l'éther concentré dans un tube, cèdent au dissolvant la santonine qu'il laisse pour résidu de son évaporation spontanée avec toutes ses propriétés, et notamment *celle de se colorer en jaune lorsqu'on l'expose à une vive lumière.* On pourrait même par ce moyen doser la santonine dans ces dragées.

E

Eaux distillées. (*Hydrolats.*) — Les eaux distillées sont, comme l'on sait, des médicaments assez facilement altérables. Voici, d'après notre expérience qui date de plus de dix années, dans quelles conditions il faut les placer pour les conserver en bon état le plus longtemps possible : *les mettre dans des vases en verre noir* (et non bleu, qui n'intercepte pas la lumière), *de petite capacité, 250 à 500 grammes, selon le débit que l'on en a. Ces vases, que l'on bouche en verre ou en liége garni d'étain, doivent être placés dans une cave à la température maximum de 10 à 12 degrés centigrades.* Un pharmacien de Forcalquier, M. Plauchud, a recommandé il y a quelques années le bon usage d'un petit pot de porcelaine renversé, comme obturateur des bouteilles placées à la cave et contenant des eaux distillées à odeur douce et suave (mélisse, roses, tilleul, etc., etc.). Nous avons vérifié la parfaite exactitude de cette observation.

Les eaux distillées, pour être acceptées comme produits de bonne qualité, doivent offrir une odeur franche de la plante qui a servi à les préparer. Il ne faut pas qu'elles contiennent de matières floconneuses en suspension, ce qui indiquerait une altération plus ou moins profonde, causée le plus souvent par des plantes confervoïdes microscopiques qui s'y développent dans des conditions plus ou moins favorables, telles que la chaleur, l'excès de la lumière, de l'air, etc., etc.

Certaines eaux distillées possèdent la propriété, ainsi que nous l'avons constaté en 1847 pour la première fois, de former avec l'iode des combinaisons incolores et sans action sur l'amidon. Nous reviendrons en particulier sur cette propriété en parlant de l'hydrolat de laurier-cerise. Mais, pour les autres eaux distillées, nous devons dire dès à présent que nous attribuons ce phénomène à la présence dans ces eaux d'acides volatils, spéciaux peut-être à chaque plante et qui passent à la distillation en même temps que l'huile volatile. Nous avons reconnu, en effet, que la plupart des eaux distillées offraient une réaction acide au moment où elles venaient d'être obtenues.

Nous nous servons pour l'essai des eaux distillées au moyen de l'iode d'une solution normale ainsi composée :

I..........	1	partie.
KI..........	2	—
Eau distillée.	97	—

Et nous avons reconnu qu'en moyenne :

50 grammes	d'hydrolat d'absinthe pouvaient en décolorer		24 gouttes.
Id.	de mélisse,	—	16
Id.	de fleur d'oranger,	—	15
Id.	de roses,	—	14
Id.	de mélilot,	—	10

Les eaux distillées de menthe poivrée, de cannelle, d'hysope, de valériane et de tanaisie n'absorbent que très-peu du réactif iodé, 4 à 6 gouttes au plus par 50 grammes.

L'hydrolat de laitue ne le décolore pas du tout.

A l'exception des eaux distillées de laurier-cerise et d'amandes amères, avec lesquelles la réaction est immédiate, nous devons dire que le phénomène de décoloration n'a lieu avec les autres hydrolats qu'au bout d'un temps plus ou moins long (quelquefois plusieurs heures). Le mieux même est de n'employer le réactif que par deux gouttes à la fois, et de n'en ajouter d'autre que quand la liqueur est décolorée. On continue ainsi d'en ajouter jusqu'à ce que la teinte jaune reste permanente.

Quelques eaux distillées aromatiques possèdent aussi pour caractère la propriété de réduire le chlorure d'or neutre, mais le phénomène ne se produit jamais qu'au bout de plusieurs heures de contact. L'or réduit se dépose d'ordinaire avec une couleur brune ou violacée sur les parois des vases où l'on a fait le mélange. Quelquefois la liqueur placée entre l'œil et la lumière offre une belle coloration violette (hydrolat de mélisse).

Eau distillée d'amandes amères. — L'eau d'amandes amères possède tous les caractères exposés plus loin pour l'eau de laurier-cerise; mais une personne exercée l'en distinguera toujours à l'odeur, qui est certainement différente. Selon divers pharmacologistes, elle contiendrait moitié moins d'acide cyanhydrique que celle de laurier-cerise; mais il résulte d'expériences récentes, faites par un habile pharmacien de Paris, M. Mayet, que cette eau préparée dans les conditions et avec les soins convenables en contient 88 à 90 milligrammes pour 100, c'est-à-dire sensiblement la même quantité que l'hydrolat de laurier-cerise.

L'hydrolat d'amandes amères est du reste peu employé, et l'inconstance de sa composition, d'après divers auteurs, dépend vraisemblablement de ce que le tourteau qui avait servi à le préparer était *mélangé d'amandes douces.*

Eau distillée de cannelle. — Elle doit être très-aromatique, souvent un peu laiteuse et d'une saveur légèrement sucrée. Les parois des flacons qui la contiennent sont presque toujours tapissés de quelques cristaux d'acide cinnamique.

Eau distillée de fleurs d'oranger. — Elle doit être incolore quand elle n'a pas été exposée à l'action de la lumière, et posséder une odeur douce de fleurs d'oranger. L'acide azotique ou mieux le réactif Gobley, composé de une partie d'acide sulfurique, deux parties d'acide azotique et trois parties d'eau distillée, doit y développer une belle *teinte rosée*. Toutefois, cette coloration devient moins intense et quelquefois même n'a plus lieu avec les eaux qui ont été exposées longtemps à l'action de la lumière. Ce qui prouve que l'eau de fleurs d'oranger, comme toutes les autres eaux distillées du reste, doit, pour conserver toutes ses propriétés, être autant que possible soustraite à l'action de cet agent.

Eau distillée de laitue. — Elle doit être parfaitement limpide et d'une odeur franche de laitue. Celle qui ramènerait au bleu le papier rouge de tournesol et qui *louchirait* par l'addition de deux ou trois gouttes d'une solution de sublimé corrosif serait ammoniacale. Il faudrait la rejeter.

Eau distillée de laurier-cerise. — Bien préparée, elle doit être très-odorante, limpide, se troubler fortement par l'azotate d'argent, donner avec le *sulfate ferroso-ferrique acide*, quand on l'a préalablement additionnée d'un atome de potasse, un précipité bleu assez abondant. Mélangée d'un 5e d'ammoniaque, elle ne tarde pas à devenir d'un *blanc de lait* par la formation de *l'hydro-benzamide* due à la réaction de l'alcali sur l'huile essentielle qu'elle contient, enfin 50 grammes doivent décolorer presque instantanément, ainsi que nous en avons fait depuis longtemps et bien des fois l'observation, 30 à 32 gouttes de la liqueur iodique normale dont nous donnons plus haut (article *Eaux distillées*) la composition. La réaction est si nette qu'elle pourrait suffire, croyons-nous, dans la majorité des cas, à doser très-approximativement l'acide cyanhydrique dans cet hydrolat.

Nous avons quelquefois observé dans l'eau de laurier-cerise un léger sédiment jaune (*benzoïne*), qui annonçait un commencement d'altération. Mais nous nous sommes assuré qu'on pouvait en éviter la formation en l'additionnant de deux gouttes de SO^3 par litre, aussitôt après sa préparation, suivant le conseil qu'en a donné M. Deschamps (d'Avallon), dans le but d'y maintenir stable l'acide cyanhydrique.

L'eau de laurier-cerise bien préparée contient, ainsi que cela résulte de diverses expériences faites dans ces derniers temps, de 0,080 à 0,090 pour 100 d'acide cyanhydrique; or, c'est à tort, croyons-nous, que, sous prétexte de régulariser sa composition, la Société de pharmacie de Paris a décidé que son titre pourrait désormais être abaissé à 0,050, car l'eau à ce faible titre équivaudra tout au plus à celle que l'on rencontrait dans les pharmacies où tous les soins ne président pas à la préparation et à la conservation des médicaments.

Quoi qu'il en soit, voici le procédé aussi exact que simple d'exécution recommandé il y a quelques années par M. le professeur Buignet pour doser l'acide cyanhydrique dans cet hydrolat.

Prendre un petit ballon à fond plat que l'on place sur une feuille de papier blanc, afin de rendre plus sensibles les changements de couleur, y introduire 100 centimètres cubes ou 100 grammes de l'hydrolat à examiner, auquel on ajoutera un grand excès d'ammoniaque, 10 centimètres cubes par exemple.

D'un autre côté, préparer une *solution normale* de sulfate de cuivre, en faisant dissoudre 23 grammes 09 de ce sel *pur et cristallisé* dans une quantité suffisante d'eau distillée pour obtenir 1,000 centimètres cubes ou 1 litre de dissolution. On remplit alors de cette liqueur une burette graduée dont chaque division correspond à un dixième de centimètre cube, et on la verse graduellement dans l'hydrolat tant qu'elle s'y décolore, ou du moins tant que le bleu céleste qui se forme au contact de l'ammoniaque disparaît par l'agitation. Dès qu'il ne disparaît plus, on cesse de verser la liqueur normale et l'on observe le nombre de divisions employées. Comme la composition de cette liqueur est calculée de telle sorte que chaque division de la burette correspond très-exactement à 1 milligramme d'acide cyanhydrique, s'il en a fallu, par exemple, 75 divisions pour l'apparition permanente de la couleur bleue dans les 100 centimètres cubes d'eau de laurier-cerise soumise à l'essai, c'est que ces 100 centimètres cubes contenaient 75 milligrammes d'acide prussique.

NOTA. — Il est bon de n'ajouter l'ammoniaque à l'hydrolat que l'on veut titrer qu'au moment où l'on est prêt à y verser la liqueur normale, afin de pouvoir exécuter l'opération avant la formation de l'hydro-benzamide qui, en rendant la liqueur laiteuse, pourrait fausser les résultats.

Élixir de longue vie. — (Voyez *Teinture d'aloès composée.*)

EMPLATRES

L'emploi des emplâtres est aujourd'hui fort restreint. En effet, on n'emploie plus guère maintenant que les suivants :

Emplâtre de canet. — Il est d'une couleur rouge et d'une odeur qui rappelle celle du diachylon.

Emplâtre de ciguë. — Doit être d'un vert tirant sur le brun. Quand on le malaxe et qu'il n'est pas trop ancien, son odeur rappelle en même temps celle de la gomme ammoniaque et de la ciguë.

Emplâtre diachylon. — Couleur jaunâtre, odeur marquée de gomme-résine d'ombellifères, surtout quand on le chauffe ou qu'on le malaxe.

Emplâtre de vigo C. mercurio. — Couleur d'un gris d'ardoise à l'extérieur et un peu jaunâtre à l'intérieur, s'il n'est pas trop anciennement préparé. Son odeur, quand on le chauffe ou qu'on le malaxe, rappelle celle du styrax et des gommes-résines d'ombellifères.

Il doit s'enfoncer dans un mélange d'eau et d'acide sulfurique marquant 43° au pèse-acide.

Ergotine. — (Voyez *Extrait alcoolique de seigle ergoté.*)

EXTRAITS

Les extraits sont des médicaments importants auxquels la thérapeutique a très-souvent recours. Les pharmaciens consciencieux devraient toujours les préparer eux-mêmes, car il est souvent fort difficile de s'assurer si ceux que l'on tire des fabriques ont été préparés avec des substances bien choisies et tout le soin convenable.

Quoi qu'il en soit, nous dirons que les extraits aqueux, qui portent le cachet d'une bonne préparation (extraits obtenus avec les sucs dépurés ou avec des plantes sèches par infusion ou lixiviation), doivent être *bruns* et jamais noirs (1), ce que l'on reconnaît en les étendant sur un marbre ou une plaque de verre. Ils doivent se dissoudre dans l'eau sans laisser de résidu appréciable, et, dans la

(1) Comme presque toutes les plantes renferment du sucre, les extraits *tout à fait noirs* doivent en général leur couleur à ce principe *caramélisé*, parce qu'ils n'ont pas été évaporés au bain-marie.

majorité des cas, la dissolution doit être transparente ou à peu près, surtout pour les extraits obtenus des feuilles.

Pour le praticien exercé, l'odeur de quelques extraits est caractéristique (belladone, digitale, ergotine, jusquiame, noyer, surtout à chaud, quina gris, valériane, etc.).

Les extraits de digitale, de genièvre, de gentiane, d'opium, de rhubarbe, etc., possèdent aussi une saveur qui ne permet pas de les confondre avec d'autres.

Les extraits des substances exotiques ne donnent pas en général une solution transparente à froid, mais à chaud elle le devient pour se troubler de nouveau par le refroidissement.

Les extraits préparés avec l'alcool concentré ne donnent jamais non plus un soluté transparent lorsqu'on les traite par l'eau.

Les extraits doivent être conservés dans des vases fermés, placés dans un endroit sec et d'une température peu variable autant que possible.

Après les généralités qui précèdent sur les extraits, occupons-nous de faire connaître pour quelques uns les moyens que, dans l'état actuel de la science, nous avons reconnu les plus propres à constater leur bonne préparation.

Extrait de belladone. — Quand on a vérifié s'il possède les caractères physiques d'une bonne préparation, on procède à son essai qualitatif, qui est le plus important, de la manière suivante : On en prend 1 gramme que l'on fait dissoudre dans le double de son poids d'eau distillée, on introduit le soluté dans un tube fermé par un bout, et l'on ajoute 25 à 30 centigrammes de bicarbonate de potasse pulvérisé. Quand tout signe d'effervescence a cessé, on verse sur le mélange 4 à 5 fois son volume d'*éther pur à 62°*; on bouche exactement le tube et l'on agite pendant deux à trois minutes, à trois reprises différentes. On laisse déposer, et quand l'éther est redevenu tout à fait transparent, on le décante dans une petite capsule où on le laisse s'évaporer spontanément. Il reste pour résidu quelques centigrammes d'une substance légèrement ambrée qu'il faut dissoudre dans 6 à 8 grammes d'eau distillée, additionnée d'une ou deux gouttes d'acide chlorhydrique. Le soluté, qui est incolore, doit, si l'extrait est de bon aloi, possèder les caractères suivants :

1° Se troubler fortement par quelques gouttes d'une solution d'iodure double de mercure et de potassium (solution d'iodure de potassium au 12e, *saturée de bi-iodure de mercure)* ;

2° Donner un précipité floconneux avec la solution de tannin (1).

Ce procédé est applicable à l'essai des extraits d'aconit, de ciguë (2), de colchique, de datura, de jusquiame (3), de nicotiane, et des extraits de toutes les plantes qui renferment des alcaloïdes.

Extrait de cachou. — L'extrait sec de cachou, qui pourrait quelquefois être confondu avec celui de ratanhia, en diffère par sa saveur peu marquée et partant sa faible solubilité dans la salive qu'il colore à peine. Son soluté au 40e dans l'eau distillée est aussi d'un rouge moins vif

(1) Pour obtenir un précipité avec ce réactif, il est indispensable que la liqueur soit *bien neutre*. Or, si l'on n'obtient pas de réaction, il faut ajouter quelques gouttes d'un faible soluté d'un bicarbonate alcalin, qui la rend *immédiatement* manifeste.

(2) Le résidu de l'évaporation de l'éther doit offrir l'odeur de *conicine*.

(3) Avec l'extrait le mieux préparé, on n'obtient cependant qu'un *très-léger trouble*, parce que l'alcaloïde de la jusquiame réside plutôt dans les graines que dans les feuilles, ainsi que nous nous en sommes assuré.

que celui d'extrait de ratanhia. Les acides minéraux y produisent un précipité *peu volumineux*, et la liqueur surnageante *reste trouble.*

Extrait de digitale. — Cet extrait, préparé avec de la digitale bien conservée, ce qui est important, possède parfaitement l'odeur et la saveur de la plante. Son soluté aqueux doit être transparent quand l'extrait a été préparé avec soin. 10 centigrammes, dissous dans 100 grammes d'eau distillée, doivent donner un liquide d'une saveur très-amère.

Extrait de gayac. — Cet extrait possède une odeur balsamique qui rappelle un peu celle de la vanille. Il est imparfaitement soluble dans l'eau, mais soluble dans l'alcool à 60. Son soluté aqueux filtré prend une *teinte verte* par l'addition d'eau chlorée.

Extrait d'ipécacuanha. — Bien préparé, l'extrait d'ipéca doit être à peu près complétement soluble dans l'eau. A chaud, son soluté possède une odeur nauséeuse caractéristique pour une personne exercée. Une solution de 10 centigrammes de cet extrait dans 50 grammes d'eau distillée doit donner avec le tannin un volumineux précipité.

Extrait de monésia. — Cet extrait diffère de celui de ratanhia avec lequel il a quelque ressemblance de propriétés : 1° par sa couleur *noire*; 2° parce que son soluté aqueux au 40e est d'un brun *très-foncé* et donne, par l'agitation, une mousse *très-persistante.* Il en diffère encore par la couleur *noire* que le chlorure ferrique communique à son soluté, couleur que conserve la liqueur surnageant le précipité qui se fait à la longue.

Extrait de noix vomique. — L'extrait de noix vomique, employé en médecine, est l'extrait *hydroalcoolique*. Il est caractérisé par son *amertume excessive* et par la propriété qu'il possède de donner, lorsqu'on le délaye dans l'eau, un liquide trouble, légèrement blanchâtre, que la filtration ne rend pas transparent.

Si l'on fait dissoudre 1 gramme de cet extrait dans 4 grammes d'eau distillée, puis, après avoir additionné de 5 à 6 gouttes d'ammoniaque, que l'on traite le mélange par l'éther, comme nous l'avons indiqué ci-dessus pour l'essai des extraits des plantes vireuses; l'éther, après l'expérience, doit laisser comme résidu de son évaporation spontanée une substance d'une *amertume excessive* qui, dissoute dans 2 ou 3 grammes d'eau pure à la faveur d'une ou deux gouttes d'acide sulfurique dilué, se trouble de suite par l'ammoniaque. Dans cette expérience, on voit bientôt se séparer une matière comme poisseuse, et il reste en suspension des flocons blancs qui, séparés par le repos du liquide qui les surnageait, puis desséchés sur un verre de montre, donnent, par l'addition d'une goutte d'acide sulfurique concentré et d'une parcelle de bichromate de potasse pulvérisé, la couleur bleue violacée qui est la réaction caractéristique de la strychnine.

Le mode d'essai que nous venons de décrire nous a servi à constater qu'un extrait qui avait été expédié par une maison de Paris comme *extrait de noix vomique*, mais que nous regardions comme fort douteux à ses caractères physiques et organoleptiques, ne contenait pas la moindre trace de strychnine ! En effet, le soluté aqueux de cet extrait, qui était *transparent*, ne se troublait nullement par l'ammoniaque, et le mélange, agité avec de l'éther, comme il est dit ci-dessus, ne cédait rien d'appréciable à ce dissolvant, puisque le résidu de son évaporation, traité par l'eau légèrement aiguisée d'acide sulfurique, ne donnait pas, comme l'extrait de bon aloi, le moindre trouble ni précipité par A Z H 3.

Extrait d'opium. — Cet extrait, qui est ordinairement de consistance pilulaire, possède une odeur *sui generis* qui rappelle celle de l'opium et une saveur très-amère. Étendu en plaques, il doit être *brun* et non noir.

Nous conseillons le procédé suivant pour apprécier dans très-peu de temps la bonne qualité de cet extrait : Mettre dans un tube fermé par un bout un soluté transparent de 5 centigrammes de cet extrait dans 4 grammes d'eau distillée, et y faire tomber 7 à 8 gouttes d'une solution d'acide iodique au 8e. On observera que la liqueur prendra presque sur-le-champ une couleur *plus foncée*; au bout de quelques minutes, ajouter 2 grammes de sulfure de carbone bien exempt d'acide sulfhydrique, et agiter le mélange à deux ou trois reprises dans l'espace de cinq minutes; laisser déposer, décanter le liquide qui surnage le sulfure, et laver celui-ci à deux ou trois reprises avec un peu d'eau distillée. On remarquera alors qu'il offre une teinte rose ou couleur de chair, selon qu'il sera redevenu plus ou moins transparent. Si maintenant l'on place une petite bande de papier légèrement amidonnée et humide à l'orifice du tube, et si l'on plonge sa partie inférieure dans de l'eau suffisamment chaude pour volatiliser le sulfure, l'on voit la petite bande de papier amidonné prendre une teinte bleue. Aucun autre extrait de ceux qui renferment des alcaloïdes ne décompose l'acide iodique, ainsi que nous nous en sommes assuré.

Extrait de pavots blancs. — C'est, comme l'on sait, l'extrait hydroalcoolique qui est exclusivement employé. On reconnaît qu'il a été bien préparé à son odeur *sui gene-*

ris, qui est surtout très-marquée lorsqu'on chauffe sa solution, et en ce que cette même solution, froide et un peu concentrée, ne doit pas se troubler, du moins sensiblement, par l'alcool à 70°. En traitant 30 centigrammes de cet extrait par l'acide iodique et le sulfure de carbone, comme nous l'indiquons plus haut pour l'extrait d'opium, nous avons obtenu une légère coloration rose du sulfure.

Extrait de quina gris. — Comme nous l'avons dit plus haut dans les généralités, pour nous l'odeur propre à cet extrait *bien préparé* est déjà un bon caractère. Mais, selon M. Duroy, sa solution aqueuse additionnée de potasse et d'ammoniaque prendrait une *couleur cramoisie* lorsqu'on la chauffe en y introduisant de l'air par l'agitation. Nous avons répété plusieurs fois l'expérience de notre savant confrère, en employant de l'extrait préparé avec beaucoup de soin, et la coloration que nous avons obtenue était plutôt d'un *rouge brun* que cramoisi. Pour faire l'expérience avec succès, il faut employer une solution d'extrait faite à froid et filtrée, *laquelle est d'un brun jaunâtre clair.*

Extrait de quina jaune. — Ne présente pas d'odeur caractéristique comme celui de quinquina gris. Ne se dissout que partiellement dans l'eau froide, et le soluté, d'une saveur très-amère, est peu coloré.

En traitant 1 gramme de cet extrait par 4 à 5 grammes d'eau distillée à froid, filtrant le soluté dans un tube, ajoutant quelques gouttes d'ammoniaque, puis au bout de quelques minutes 4 à 5 volumes d'éther, et agitant le mélange. L'éther décanté doit laisser pour résidu de son évaporation spontanée une substance qui, dissoute dans 2 ou 3 grammes d'eau pure à la faveur d'une ou deux gouttes d'acide sulfurique dilué, précipite par l'ammoniaque et donne, étant étendue de 2 volumes d'eau chlorée, une liqueur *verte* par l'addition de 2 ou 3 gouttes d'ammoniaque.

La réaction est d'autant plus manifeste que l'extrait est plus riche en quinine ; aussi est-elle toujours plus marquée avec l'extrait alcoolique qu'avec l'extrait aqueux.

Extrait de ratanhia. — L'extrait sec de ratanhia doit être brun et *non noir*, à cassure luisante. Il possède une saveur amère fortement astringente et *colore de suite la salive en rouge.* Son soluté aqueux au 40e est d'une belle couleur rouge tirant un peu sur le brun. Les acides minéraux le troublent *sur-le-champ* ; il se fait un volumineux précipité couleur de chair, qui ne commence à se déposer qu'au bout de quelques heures, et la liqueur surnageante conserve une légère teinte rouge.

Le chlorure ferrique colore le même soluté en *gris brun.* Il se fait un précipité qui ne se dépose qu'à la longue, et la liqueur surnageante n'offre que la teinte jaune de l'excès de réactif.

Le soluté concentré d'extrait de ratanhia, qui est transparent lorsqu'il est chaud, se trouble fortement en refroidissant. Si l'on y ajoute un peu de sucre, il conserve sa transparence.

Extrait de salsepareille. — Cet extrait est doué d'une saveur un peu amère, laissant quelque chose d'*âcre à la gorge.* 10 centigrammes dissous dans 30 à 40 grammes d'eau donnent un soluté qui mousse beaucoup par l'agitation, et la mousse *est persistante.* Les sels ferriques n'affectent pas le soluté d'extrait de salsepareille.

Extrait de seigle ergoté (*ergotine*). — L'ergotine est l'extrait aqueux de seigle ergoté repris par l'alcool. *Bien* *préparée*, l'ergotine produit avec l'eau un soluté transparent qui, à chaud surtout, exhale une odeur marquée de champignons. Ce même soluté ne doit pas donner de précipité lorsqu'on y verse de l'alcool concentré, ce liquide ne doit tout au plus y occasionner qu'un léger trouble. Nous avons plusieurs fois constaté que ce caractère, qui est essentiel, n'appartenait pas toujours à l'ergotine des fabricants, même à celle vendue sous le cachet Bonjean.

Extrait de tormentille. — Cet extrait, à l'état sec, a quelque ressemblance avec l'extrait de ratanhia, mais il en diffère : 1° par sa saveur beaucoup moins astringente et moins amère; 2° par la couleur rouge moins foncée de son soluté aqueux au 40e; 3° parce que les acides minéraux ne troublent pas *immédiatement* ce soluté. Il ne s'y manifeste pas de trouble avant dix minutes avec H Cl., quinze à vingt minutes avec SO^3, et plus longtemps encore avec AZO^5; 4° enfin en ce que le chlorure ferrique le colore en noir avec précipité de même couleur à la longue, et la liqueur surnageante *reste noire*.

F

Farine de lin. — La bonne farine de lin ne doit pas être *d'un jaune excessif* comme on en rencontre quelquefois dans le commerce. (La graine de lin moulue donne une farine grise; broyée, elle la donne un peu jaune, mais elle se conserve moins longtemps.) Elle est à peu près inodore et possède une saveur douce légèrement sucrée. Elle doit tacher le papier au bout de quelque temps de contact, et si elle a été préparée avec une graine bien exempte de semences étrangères *amylacées*, sa décoction ne doit pas bleuir par l'eau iodée.

Une farine de lin qui posséderait une saveur *acide* ou *âcre*, ainsi qu'une odeur de *rance*, devrait être rejetée.

La bonne farine de lin non mélangée de tourteau, substance avec laquelle on la falsifie le plus communément, croyons-nous, doit, d'après nos expériences multipliées, renfermer au minimum 32 pour 100 d'huile fixe. Pour procéder à cet essai nous prenons 10 grammes de farine *sèche* que nous introduisons dans un flacon à l'émeri à large ouverture avec 40 grammes de sulfure de carbone; nous agitons fréquemment le mélange pendant une ou deux heures, puis nous versons le tout dans un petit entonnoir recouvert d'un disque de verre et dont la douille a préalablement été garnie de coton modérément tassé. On laisse écouler tout le sulfure que l'on reçoit dans une petite capsule tarée, puis on verse une nouvelle dose de 30 à 40 grammes de sulfure sur le résidu dans l'entonnoir; quand tout est passé et que l'on s'est assuré que les dernières portions ne tachaient plus le papier, on procède à l'évaporation du sulfure en plaçant la capsule sur de l'eau bouillante, *mais hors d'un foyer*. On reconnaît que tout le sulfure est évaporé lorsque la capsule cesse de perdre de son poids; alors on prend note de ce qu'elle contient, et si la farine soumise à l'essai était de bonne qualité, le résidu ne doit pas peser moins de 3 grammes 0,25.

Farine de moutarde. — Elle doit être d'une couleur jaunâtre ou *jaune verdâtre* et d'une saveur piquante. La farine *tout à fait grise*, sans être à rejeter, est moins estimée que celle qui est jaunâtre parce que cette dernière est ordinairement préparée avec la graine rouge d'Alsace, qui est celle que le pharmacien doit toujours employer de préférence.

Délayée dans de l'eau froide ou tiède, la bonne farine de moutarde doit exhaler presque sur-le-champ une *trés-forte odeur piquante* d'huile volatile qui affecte péniblement le nez et les yeux. Ce caractère est assurément le plus important à constater.

Le décocté de farine de moutarde pure ne bleuit pas par l'eau iodée.

Cette farine ne doit pas être préparée trop longtemps d'avance, surtout en été ; car il est prouvé que le ferment sinapique (myrosyne) peut, dans certaines conditions, être altéré et même détruit dans la graine broyée depuis longtemps.

G

Granules de digitaline. — Ils doivent être d'une saveur *très-amère* au centre. Si l'on en traite 20 réduits en poudre par 15 grammes d'alcool pur à 95, le produit de la macération, filtré et évaporé, doit laisser pour résidu une couche mince qui, introduite dans un très-petit tube avec quantité suffisante d'acide chlorhydrique *pur et incolore* pour la baigner, donne au bout de 2 ou 3 heures, si l'on a eu soin d'agiter de temps à autre, un liquide *vert cigué* surnageant une matière restée indissoute.

La dissolution alcoolique des granules de digitaline étendue d'eau pure ne doit jamais prendre de teinte noire ou violacée au contact d'une goutte d'une solution d'un persel de fer.

Graisse de porc. — (Voyez *Axonge*.)

H

Huile de belladone. — Cette huile, qui a la couleur du

baume tranquille, se comporte comme lui au contact des alcalis (potasse et ammoniaque).

Lorsqu'on l'agite avec une faible solution d'acide tartrique, comme nous l'avons indiqué pour le baume tranquille, le liquide aqueux doit, après filtration, se troubler assez fortement par quelques gouttes d'une solution d'iodure double de mercure et de potassium, phénomène dû à la présence de l'*atropine* enlevée à l'huile par la solution tartrique.

Les huiles de *nicotiane*, de *stramonium* et de *ciguë* contiennent aussi les alcaloïdes de ces plantes, dont il est facile de constater la présence par le même moyen. Mais celles de *jusquiame* et de *morelle* n'en renferment pas, sans doute parce que ces alcaloïdes résident exclusivement dans les graines pour la jusquiame, et dans les baies pour la morelle.

Hydrolats. — (Voyez *Eaux distillées.*)

L

Laudanum de Sydenham. — Bien préparé, il est d'un *jaune brun foncé* et d'une densité de 9 à 10 degrés de l'aréomètre de Baumé. Ce caractère est excellent, quoi qu'on en ait dit. Une goutte doit communiquer à 100 grammes d'eau distillée une teinte jaune encore assez marquée, surtout au bout d'un moment.

Si l'on mélange, dans un petit tube fermé par un bout, 4 grammes d'eau distillée, 24 à 30 gouttes de ce laudanum et 7 à 8 gouttes d'une solution d'acide iodique au 6e, puis qu'au bout de 10 minutes l'on ajoute 2 ou 3 grammes de sulfure de carbone ; celui-ci, par l'agitation du mélange, dissout l'iode de l'acide iodique réduit par la morphine de l'opium et prend une légère teinte rose, qui devient surtout manifeste après plusieurs lavages à l'eau distillée. Si l'on volatilise le sulfure ainsi imprégné d'iode en plongeant le tube dans de l'eau très-chaude, il bleuira le papier amidonné, comme nous l'avons dit en parlant de l'extrait d'opium.

Laudanum de Rousseau. – Il doit être d'une couleur brune foncée, d'une odeur un peu vireuse d'opium, surtout s'il a été préparé conformément au Codex de 1837, et d'une densité de 6 à 7 degrés à l'aréomètre de Baumé.

L'ammoniaque doit y produire un abondant précipité. Il en est de même du tannin.

12 à 15 gouttes étendues de 4 grammes d'eau distillée doivent donner, avec l'acide iodique et le sulfure de carbone, en procédant comme il est indiqué pour le laudanum de Sydenham, la réaction manifeste de la morphine.

NOTA. — Nous avons quelquefois observé au fond des flacons où l'on avait conservé pendant longtemps une certaine quantité de laudanum de Rousseau un léger dépôt de plaques minces dans lesquelles nous avons constaté la présence du sulfate de chaux et des méconates de chaux et de magnésie.

M

Mellite de roses rouges (*miel rosat*). — Le miel rosat préparé selon le Codex de 1837 n'est pas d'une belle couleur rouge ; il est d'un jaune brun assez foncé, d'une odeur faible de roses et d'une saveur un peu astringente.

Étendu d'eau, il donne un liquide jaune rougeâtre qui

produit beaucoup de mousse par l'agitation. Sa solution dans 100 parties d'eau distillée est *subitement* colorée en *jaune tirant sur le brun* par la potasse, et en *noir* par une goutte ou deux de perchlorure de fer *neutre*.

Délayé dans 3 ou 4 parties d'eau, la solution de gélatine doit y occasionner un trouble manifeste, et au bout de six à huit heures il se dépose un précipité qui, quelquefois, devient adhérent au fond de la bouteille dans laquelle on a fait l'expérience.

La couleur, l'odeur et la saveur de ce mellite laissant beaucoup à désirer, il serait bien préférable d'adopter, pour sa préparation, le *modus operandi* suivant, que nous avons conseillé il y a quelques années :

Pr. Pétales de roses rouges bien conservés. 1 kilogramme.
Eau bouillante........................... 5 —

Faites infuser douze heures dans un vase couvert, mettez à la presse pour obtenir 1,500 grammes de liqueur que vous mettrez à filtrer dans un lieu frais. Versez sur le résidu 5 kilogrammes d'eau bouillante ; laissez encore infuser douze heures, soumettez à la presse, et faites évaporer ce second infusé au bain-marie jusqu'à ce qu'il soit réduit à 500 grammes ; filtrez, puis faites dissoudre dans les deux liqueurs réunies 6 kilogrammes ou mieux Q. S. de miel *despumé* (1). Lorsque le sirop sera sur le point d'entrer en ébullition, retirez-le du feu, enlevez très-exactement l'écume rassemblée à la surface et passez-le à travers un blanchet. Vous repasserez les premières portions.

Le mellite ainsi préparé est d'une belle couleur rouge, très-aromatique et très-sapide. Il présente pour caractère

(1) Je *despume* le miel, à cet effet, en mettant dans une bassine, sur un feu doux, 6 kilos 200 grammes de miel de belle qualité et un litre d'eau; je fais bouillir en ayant soin d'enlever exactement l'écume, jusqu'à ce que le tout soit réduit à 6 kilos.

spécial celui de se prendre en une *gelée ferme et transparente* par l'addition d'une petite quantité d'un acide minéral, phénomène dû à la *pectose*, dont nous avons constaté la présence en notable quantité dans les roses.

O

Onguent d'althæa. — D'une belle couleur jaune ne brunissant pas par les alcalis. Odeur mixte de fenugrec et de térébenthine.

Onguent d'Arcæus. — Cet onguent est blanc lorsqu'il est récemment préparé, mais il devient jaunâtre à la surface en vieillissant. Odeur où domine celle de la résine élémi.

Onguent blanc de Rhasis.— (Voyez *Pommade de carbonate de plomb.*)

Onguent mercuriel. — (Voyez *Pommade.*)

Onguent populeum. — (Voyez *Pommade.*)

Onguent de styrax. — Couleur d'un jaune brun, odeur marquée de styrax.

P

Pastilles. — (Voyez *Tablettes.*)

Pilules balsamiques de Morton. — Masse se délayant difficilement dans l'eau froide, et d'une odeur où domine celle de l'essence d'anis. Si l'on en délaye une certaine quantité dans de l'eau chaude, il se rassemble bientôt une matière huileuse (baume de soufre) à la surface, et l'eau doit rougir le papier bleu de tournesol.

Pilules de cynoglosse. — Couleur brune à l'extérieur et jaune tirant sur le brun à l'intérieur. Odeur où l'on distingue facilement celle du castoréum et de la myrrhe. Si l'on met gros comme un pois de masse de cynoglosse en contact avec 10 grammes d'eau, celle-ci doit prendre une teiute jaune safran marquée au bout de quelques minutes.

Pilules d'iodure de fer. — (Mêmes caractères que les dragées, voyez *Dragées d'iodure de fer.*)

Pilules mercurielles de Belloste. — Masse de couleur grise à la surface et jaunâtre à l'intérieur. Odeur qui rappelle celle de la rhubarbe et un peu celle du poivre. Délayées dans de l'eau, les pilules de Belloste doivent lui communiquer une couleur jaunâtre que les alcalis font subitement passer au *rouge brun*; un petit morceau de masse imprégné d'une goutte d'acide azotique, frotté sur une lame de cuivre décapée, *doit y produire une tache blanche* que la chaleur fait disparaître.

Pilules de Vallet. — Elles doivent être d'*un gris verdâtre* et non rougeâtre à l'intérieur. Une pilule réduite en poudre et traitée par de l'acide chlorhydrique pur étendu doit s'y dissoudre en grande partie. La solution filtrée *est incolore*, et l'ammoniaque y occasionne un léger précipité *verdâtre* et non jaunâtre.

Plantes médicinales. — On trouve assez fréquemment dans le commerce de l'herboristerie, de la droguerie et même en pharmacie, des plantes qui laissent beaucoup à désirer, soit à cause de la manière dont elles ont été récoltées, séchées et conservées, soit à cause de leur extrême vétusté. Nous dirons à ce sujet que les racines vermoulues, que les feuilles et les fleurs *décolorées* ou devenues *très-brunes*, quelquefois même *noires* (1), doivent être soigneusement exclues de toute officine bien tenue ; car, arrivées à cet état d'altération profonde, elles ont évidemment perdu toutes leurs vertus médicinales.

Pommade de carbonate de plomb (*Onguent blanc de Rhasis*). — Cette pommade, qui est d'une belle couleur blanche, rancit très-vite si on la prépare avec l'axonge ordinaire. Avec l'axonge balsamique, que l'on devrait toujours employer, elle se conserve au contraire assez longtemps en parfait état. Touchée successivement avec un peu d'acide acétique et d'une solution de KI, elle se colore en beau jaune.

Pommade citrine (*liparolé d'azotate de mercure*). — En tablettes blanches ou légèrement jaunes à la surface, et jaune citrin à l'intérieur lorsqu'elle n'est pas trop anciennement préparée ; une goutte d'ammoniaque y produit une tache noire.

(1) Les pharmaciens devraient prendre la bonne habitude de conserver les plantes à l'abri de l'action des rayons lumineux et dans des vases bien bouchés; car s'il est incontestable que la lumière les altère en les décolorant, il ne l'est pas moins que l'action de l'air humide soit peut-être encore plus nuisible à un certain nombre d'entre elles. En effet, notre expérience personnelle nous a appris depuis longtemps déjà que les fleurs de molène, de genets, d'orties, de sureau, etc., qui noircissent très-vite, comme chacun sait, lorsqu'on les met dans des bocaux ouverts, pouvaient, au contraire, se conserver longtemps en parfait état, même dans des vases perméables à la lumière, si l'on prenait le soin de boucher hermétiquement ceux-ci.

Fondue à une douce chaleur ou mieux au bain-marie, elle doit être d'une couleur *jaune citrin* et ne pas laisser déposer de sédiment gris.

Si l'on mélange à 2 grammes de cette pommade liquéfiée 4 à 5 gouttes d'ammoniaque, elle prend une couleur *rouge brun* si elle est nouvellement préparée, et *brun verdâtre* si elle est ancienne ; avec la potasse elle prend une teinte *verdâtre* dans le premier cas, et *grise* dans le second.

Enfin, chauffée dans un tube au bain-marie avec cinq à six fois son poids de sulfure de carbone, elle doit se dissoudre dans ce menstrue, à l'exception d'un petit sédiment blanc ou jaunâtre, selon son ancienneté.

Si l'on voulait doser le mercure dans cette pommade, il faudrait en prendre un poids connu (4 à 5 grammes) que l'on ferait fondre dans un tube, à une douce chaleur ; on instillerait dans la masse fondue une petite proportion d'essence de citron qui revivifierait immédiatement le mercure. En traitant à plusieurs reprises, par trois ou quatre volumes d'éther, on enlèverait tout le corps gras, et le mercure resterait comme résidu. Ce procédé, qui est de M. Bobierre, réussit très-bien.

La pommade oxygénée, qui a quelque ressemblance d'aspect avec la pommade citrine, en diffère, 1° par sa consistance qui est moins ferme ; 2° parce qu'elle se dissout dans le sulfure de carbone sans laisser de sédiment jaune ; 3° en ce qu'elle ne prend point de coloration particulière par la potasse ; 4° enfin en ce que l'ammoniaque la colore en *jaune orangé* d'autant plus intense qu'elle est plus nouvellement préparée.

Pommade épispastique jaune. — Odeur qui rappelle celle des cantharides, surtout lorsqu'on la chauffe, couleur jaune citron un peu foncée, devenant *rouge brun* au contact des alcalis. Liquéfiée, cette pommade ne doit pas laisser déposer de poudre quelconque.

Pommade épispastique verte. — Cette pommade doit offrir l'odeur de l'onguent populeum et prendre une *teinte jaune* très-marquée lorsqu'on la triture avec quelques gouttes de sous-acétate de plomb. Enfin, liquéfiée, elle doit laisser déposer de la poudre de cantharides.

Pommade épispastique au garou. — Préparée conformément au Codex, cette pommade est caractérisée par son odeur *marquée d'écorce de garou* et par sa couleur *verdâtre* qui passe au jaune sale lorsqu'on la triture avec quelques gouttes de potasse. Quelques pharmaciens colorent la pommade au garou en jaune avec le curcuma; dans ce cas, elle prend une teinte *rouge brun* au contact des alcalis. Comme cette pommade rancit assez vite, pour obvier à cet inconvénient, nous avons pris l'habitude, depuis déjà longtemps, d'y ajouter au moment de la terminer 10 grammes de baume noir du Pérou par kilogramme. On délaye le baume dans la pommade fondue au bain-marie, on agite souvent pendant 15 à 20 minutes; on laisse déposer, puis on passe à travers une étoffe de laine.

Pommade mercurielle double. — Cette pommade doit être d'une belle couleur grise, très-pesante, ne pas laisser voir de globules de mercure à la loupe ni sentir le *rance* (1). Elle doit aussi s'enfoncer dans un mélange *refroidi*

(1) En ajoutant 20 grammes de baume noir du Pérou par kilogramme de pommade, on peut la conserver plusieurs années sans qu'elle rancisse. Il y a plus de dix ans que nous avons mis ce moyen en pratique dans notre officine.

fait avec 4 parties d'acide sulfurique à 66 degrés et une partie d'eau en poids.

Quand on voudra doser le mercure dans cette pommade, on en prendra 4 grammes que l'on introduira dans un petit tube d'essai *préalablement taré*, on versera dessus cinq à six fois son poids de benzine, et l'on placera le tube un instant dans de l'eau chaude. Lorsque la pommade sera liquéfiée, on laissera bien déposer et l'on décantera la solution claire. On traitera le résidu à plusieurs reprises par de nouvelle benzine, jusqu'à ce que cette substance ne lui enlève plus rien. Après avoir décanté une dernière fois, on séchera le tube en le maintenant quelques instants à une certaine distance d'un foyer; puis on le pésera de nouveau. Ce moyen, que nous avons eu plusieurs fois l'occasion d'employer, nous a toujours bien réussi. Il est assez expéditif.

Pommade mercurielle simple (*Onguent gris*). — Cette pommade, qui est d'un gris plus pâle que la précédente, est aussi beaucoup moins pesante. Elle doit s'enfoncer dans l'eau ordinaire, et lorsqu'on la traite par la benzine elle doit laisser seulement une partie de résidu sur 8 parties de pommade. Ce résidu doit se dissoudre *entièrement* et facilement dans l'acide azotique.

Pommade ou baume nerval. — Pommade d'un jaune tirant sur le brun, d'une consistance assez ferme et d'une odeur *très-aromatique*, où l'on distingue celle du beurre de muscade, du camphre et de l'huile volatile de romarin. La potasse caustique la colore en *brun cannelle*, mais cette réaction appartient au beurre de muscades *pur*, ainsi que je m'en suis assuré, et non, comme on aurait pu le supposer, à une coloration artificielle avec le curcuma.

Si l'on fait fondre au bain-marie, dans un petit flacon contenant 20 grammes d'alcool à 55° centésimaux, 10 grammes de baume nerval, après avoir fortement agité le mélange, le liquide alcoolique, en se séparant, ne doit pas présenter une *teinte jaune*; il est seulement opalescent, même après filtration; mais les alcalis le font passer au *beau jaune*. Un baume qui aurait été coloré avec du curcuma, soumis à la même expérience, donnerait un liquide alcoolique d'une *teinte jaune*, qui passerait au *rouge brun* par l'addition d'un alcali.

Pommade ou onguent populeum. — Cet onguent doit être d'une belle couleur verte, tirant souvent légèrement sur le jaune, et *non d'un vert feuilles de morelle.* Il doit aussi posséder une odeur *très-marquée* de bourgeons de peuplier.

Si l'on en fait liquéfier 10 à 15 grammes dans un petit flacon, et que l'on ajoute quelques gouttes d'ammoniaque ou de potasse caustique, après le *refroidissement complet*, la couleur verte de la pommade ne doit pas être sensiblement modifiée. Si elle devenait d'un *rouge brun*, c'est qu'elle aurait été colorée avec un mélange d'indigo et de curcuma.

Trituré avec quelques gouttes de sous-acétate de plomb, l'onguent populeum bien préparé doit prendre une belle couleur jaune (1).

100 grammes d'onguent populeum bien préparé, traités par la méthode Valser (voyez *Baume tranquille*), doivent donner un liquide dans lequel l'iodure double de mercure et de potassium produit un trouble manifeste. Mais, pour obtenir cette réaction, il ne faut pas opérer sur moins de 100 grammes d'onguent, car, dans cette préparation, il n'y

(1) C'est à un principe contenu dans les bourgeons de peuplier qu'est due cette réaction, car l'axonge *populinée* prend une couleur *jaune magnifique* au contact du même réactif.

a réellement que les feuilles de belladone qui cèdent un alcaloïde au corps gras.

Il est également indispensable d'opérer par la méthode Valser, car la nôtre, qui réussit très-bien avec les corps gras *fluides*, ne nous a pas donné un résultat satisfaisant avec le populeum.

Pommade rosat. — Cette pommade doit être d'une belle couleur rouge et d'une odeur marquée de rose. 1 gramme additionné de 2 ou 3 gouttes de potasse caustique doit prendre une belle *couleur bleue d'outre-mer.*

Pommade stibiée. — Cette pommade, préparée avec l'axonge balsamique, peut se conserver très-longtemps sans rancir. Une solution d'acide sulfhydrique la colore en jaune orangé.

POUDRES

Les poudres médicinales, dont on a abandonné la préparation dans beaucoup de pharmacies, et bien à tort selon nous, pour se les procurer dans le commerce de la droguerie, doivent, pour posséder les vertus que le médecin est en droit d'en attendre, avoir été faites avec des substances de premier choix et parfaitement conservées.

C'est ainsi que pour les poudres de feuilles de *belladone*, de *ciguë*, de *digitale*, de *rhue*, de *stramonium*, etc., le pharmacien ne doit les accepter que lorsqu'elles sont d'une belle *couleur verte*, qu'elles possèdent franchement l'odeur de la plante qui a servi à les préparer, et qu'elles colorent l'éther en vert. Ces poudres doivent être conservées dans des vases en *verre noir* et non bleu, qui n'intercepte pas suffisamment l'action des rayons chimiques de la lumière.

Pour un certain nombre de poudres, il serait assurément fort difficile de reconnaître si elles sont dans un état de pureté absolue, et même si elles ont été préparées avec des matières de premier choix.

Poudre de corne de cerf calcinée. — La véritable poudre de corne de cerf calcinée est d'un blanc un peu grisâtre ; elle doit se dissoudre complétement dans l'acide chlorhydrique avec effervescence, *mais seulement au commencement de la réaction.* Un excès d'ammoniaque versé dans la dissolution étendue d'eau y produit un abondant précipité gélatineux. Si la corne de cerf avait été additionnée de carbonate de chaux, la liqueur séparée du précipité de phosphate de chaux, par filtration, précipiterait abondamment par l'oxalate d'ammoniaque. Quand elle ne contient que celui qui est inhérent à sa composition, le précipité au contraire est peu abondant.

Le commerce livre souvent pour de la corne de cerf une poudre très-blanche, qui n'est autre chose que celle d'os calcinés.

Poudre de gomme du Sénégal. — Elle doit être d'un beau blanc *entièrement soluble* dans l'eau froide. Si sa dissolution prenait une couleur *rouge violacée* par la teinture d'iode, cela indiquerait qu'elle contient de la *dextrine* en mélange.

Poudre de gomme adragante. — Délayée dans l'eau (1 partie sur 50), elle doit donner un mucilage qui, par le repos, devient *transparent.* S'il restait opaque et blanchâtre, cela indiquerait que la gomme a été mélangée d'amidon. Le mucilage de *gomme adragante pure*, fait à l'eau bouillante et *refroidi*, devient rose ou légèrement bleu par la teinture d'iode. Le mucilage fait avec la même gomme mélangée d'amidon devient subitement *bleu foncé.*

Le mucilage de gomme adragante ne doit pas non plus bleuir au bout de quelque temps lorsqu'on y ajoute quelques gouttes de teinture de gayac. S'il bleuissait, cela indiquerait qu'elle contient de la gomme arabique.

Poudre de guimauve. — Couleur presque blanche, saveur caractéristique mucilagineuse. Cette poudre délayée dans de l'eau ne doit pas produire d'effervescence tumultueuse quand on y verse de l'acide chlorhydrique. Son macerató aqueux *jaunit* par l'addition d'un alcali.

Poudre d'ipécacuanha. — Il faut préférer celle qui est d'une couleur grise à celle qui est presque blanche; 2 ou 3 décigrammes de cette poudre mis à macérer dans 20 à 30 grammes d'eau distillée doivent donner un hydrolé précipitant abondamment par le tannin.

Poudre de lycopode.— Le lycopode agité avec de l'eau dans une fiole doit surnager le liquide sans rien laisser déposer. Mis à bouillir avec le même liquide, le décocté filtré et refroidi ne doit pas bleuir par l'iode.

Poudre de quina rouge. — La poudre de quinquina rouge ne doit nullement colorer l'éther à 62. Si elle lui communiquait une teinte jaune passant au rouge cramoisi par l'addition d'un alcali (potasse ou soude), c'est qu'elle contiendrait de la poudre de santal rouge.

Poudre de réglisse. — Elle doit être d'une belle couleur jaune pâle et d'une saveur sucrée, agréable. On a dit en avoir trouvé de mélangée de poudre de gayac; une poudre de réglisse ainsi falsifiée, traitée par l'alcool à 80, donnerait une teinture qui blanchirait l'eau et laisserait déposer de la résine. Cette même teinture prendrait une teinte verdâtre au contact de l'eau chlorée.

Q

Quinium. — Substance en fragments de couleur brune donnant une poudre d'un jaune sale qui exhale une odeur de chaux nouvellement éteinte, et qui doit posséder une saveur très-amère. Le quinium est insoluble dans l'eau, mais il se dissout dans l'alcool. Si on traite 40 à 50 centigrammes de ce produit réduit en poudre par q. s. d'éther rectifié, celui-ci soumis à l'évaporation spontanée doit laisser un résidu jaunâtre, comme résineux, qui, traité par 3 ou 4 grammes d'eau pure additionnée de 2 ou 3 gouttes d'acide sulfurique dilué, s'y dissout en partie. La solution tirée à clair doit se troubler fortement par l'ammoniaque ; additionnée de deux volumes d'eau chlorée, elle doit aussi prendre une belle *couleur verte* lorsqu'on y fait tomber 3 ou 4 gouttes du même alcali $AZ H^3$.

R

Résine de jalap. — La résine de jalap *officinale* est de couleur brune, d'une saveur âcre et d'une odeur *sui generis*. Elle est très-soluble dans l'alcool, faiblement soluble dans l'éther pur à 64°, et plus soluble dans l'éther médicinal à 56°.

Elle se ramollit au contact du chloroforme sans s'y dissoudre sensiblement; aussi, au bout de quelque temps, surnage-t-elle ce liquide sous la forme d'une *masse poisseuse.*

Quand on la malaxe sous l'eau chaude, elle ne doit rien céder à ce liquide, ni exhaler l'odeur de la résine commune ou de la colophane.

Elle ne doit pas produire de coloration *bleue* : 1° lorsqu'on la triture dans un mortier de verre ou de porcelaine avec un mélange de bichlorure de mercure et de savon amygdalin ; 2° lorsqu'on expose un morceau de papier imprégné de sa dissolution alcoolique à l'action du gaz nitreux, produit en faisant réagir l'acide azotique sur de la limaille de cuivre.

S

SIROPS

Notre travail n'embrassant pas la préparation des sirops, nous nous bornerons simplement à rappeler ici que tous, *à très-peu d'exceptions près*, doivent être limpides, la transparence étant d'ailleurs un indice de bonne préparation.

Pour les sirops *très-chargés* de principes médicamenteux (exemple : le sirop de salsepareille composé), il est quelquefois difficile, en les examinant en masse, de reconnaître s'ils ont été bien clarifiés; mais un moyen très-facile de s'en assurer, c'est d'en délayer un peu dans de l'eau très-limpide; la solution doit être transparente si le sirop a été bien clarifié.

Enfin, les sirops doivent marquer de 30 à 30 1/2 à l'aréomètre lorsqu'ils *sont bouillants*, et accusent 35 à 36 au même instrument quand ils sont refroidis.

I. — SIROPS SIMPLES

Sirop d'acide citrique. — Incolore, inodore et d'une saveur acide agréable.

On lui substitue souvent, dans un but d'économie, le sirop d'acide tartrique, qui *est cependant moins agréable.*

La fraude se reconnaît de la manière suivante : on étend 40 à 50 grammes du sirop suspecté de deux fois son poids d'eau distillée, on verse dans le mélange un peu d'une dissolution concentrée de chlorure de potassium, et l'on agite vivement pendant quelques instants. Si l'on a affaire à du sirop tartrique, la liqueur se trouble au bout d'un moment et laisse déposer un léger précipité grenu de crème de tartre, soluble dans la potasse caustique ; avec le sirop citrique, au contraire, elle reste transparente.

C'est le sirop d'acide citrique aromatisé avec la teinture de zestes frais de citrons qui, dans la plupart des pharmacies, constitue le sirop de *limon.*

Sirop d'acide cyanhydrique (*Sirop cyanique*). — Incolore, odeur légèrement prussique, saveur sensiblement la même que celle du sirop de sucre.

25 à 30 grammes de ce sirop, étendus de deux fois leur poids d'eau distillée additionnée de quelques gouttes d'une solution de potasse caustique, doivent donner avec le *sulfate ferroso-ferrique acide* une couleur bleue-verdâtre à laquelle succède, au bout de douze heures, un léger précipité bleu.

Tout sirop cyanhydrique qui n'offrirait pas franchement cette réaction serait à rejeter.

Ce sirop doit *toujours être une préparation magistrale,* car nous nous sommes assuré qu'après un mois de préparation, il ne donnait plus, d'une manière aussi manifeste, la réaction ci-dessus indiquée.

Sirop d'acide tartrique (*Sirop tartrique*). — Incolore, inodore, saveur assez fortement acide.

Il est caractérisé *chimiquement* par la propriété qu'il possède de donner, étendu d'eau pure, un précipité blanc grenu avec la solution de chlorure de potassium. (Voyez *Sirop d'acide citrique.*)

Sirop de baume de tolu. — Incolore, transparent, odeur et principalement saveur fortement balsamiques, agréable. *Il rougit le papier bleu de tournesol.*

Beaucoup de pharmaciens emploient des procédés qui leur sont particuliers pour préparer ce sirop. L'inconvénient est peu grave lorsque le produit qu'ils obtiennent est transparent et surtout d'une *forte saveur balsamique.*

Sirop de berberis. — Couleur rouge tirant sur le brun, surtout lorsqu'il est anciennement préparé, car la couleur brune se fonce avec le temps; saveur fortement aigrelette.

L'ammoniaque en *léger excès* le brunit fortement; il en est de même de la potasse. Lorsque le sirop est étendu d'eau et que l'on prend la précaution de mouiller avec le mélange la partie vide de la fiole qui le contient, les parois ainsi mouillées prennent, au contact de l'alcali, une *couleur jaune assez intense caractéristique de ce sirop.*

Le perchlorure de fer lui communique une teinte d'un *brun verdâtre foncé* (1).

(1) Assez souvent, le sirop de berberis laisse déposer à la longue du sucre interverti.

Sirop de bourgeons de sapin. — Incolore, d'une saveur balsamique *sui generis* très-marquée. Presque toujours ce sirop a un aspect plus ou moins laiteux.

Sirop de cachou. — Couleur d'un rouge brun foncé, inodore, saveur assez fortement astringente.

10 à 12 gouttes délayées dans 20 grammes d'eau pure doivent donner un soluté encore notablement coloré.

L'acide chlorhydrique versé dans ce soluté *n'y produit aucun trouble*, même au bout de 24 heures.

Quelques gouttes d'une solution de chlorure ferrique *neutre*, au contraire, colorent le même soluté en brun verdâtre, puis y occasionnent un précipité floconneux, *qui se dépose au bout de quelques heures, et qui est peu volumineux.*

Cette action de l'acide chlorhydrique sur le sirop de cachou peut servir à le différencier du sirop de ratanhia, avec lequel on pourrait le confondre.

Sirop de capillaire. — Coloré en jaune assez foncé (1), odeur très-marquée de capillaire, saveur *idem.*

Les alcalis exaltent la couleur de ce sirop.

Le chlorure ferrique le colore en vert brunâtre.

Très-souvent, dans le commerce et même en pharmacie, on substitue le sirop de sucre au sirop de capillaire. La fraude peut facilement être constatée, car le sirop de sucre pur n'est affecté *ni par le chlorure ferrique, ni par les alcalis.*

On a aussi quelquefois vendu des sirops dits de capillaire qui renfermaient du glycose. (Pour reconnaître la fraude, voir *Sirop de gomme.*)

(1) Nous avons observé qu'il se décolorait un peu en veillissant.

Sirop de cerises. — Coloré en rouge peu foncé, saveur peu acide, très-agréable et rappelant celle des cerises.

L'ammoniaque ajoutée avec précaution à ce sirop *le verdit*; un sirop de cerises que l'on soupçonnerait avoir été fabriqué artificiellement avec de l'acide tartrique et une matière colorante, pourrait être reconnu à l'essai indiqué à l'article *Sirop d'acide citrique*, puis à l'action de l'ammoniaque sur sa couleur.

Sirop de chou rouge. — Couleur d'un rouge *violacé*, odeur et surtout saveur marquées de crucifère.

Les alcalis verdissent ce sirop et les acides le rougissent.

Très-rarement employé en médecine aujourd'hui, le sirop de chou rouge l'est quelquefois encore, cependant, dans les laboratoires de chimie, où il sert de réactif pour les acides et les alcalis.

Sirop de citrate de fer. — Ce sirop, préparé avec le citrate ferrique ammoniacal, qui est le *citrate officinal*, est inodore; sa saveur ne doit être *ni ferrugineuse ni acide*; sa couleur est le *jaune brun* assez foncé.

Le tannin le noircit et y indique conséquemment la présence du fer ; mais ce métal y est dissimulé à l'action des autres réactifs, tels que les alcalis et leurs carbonates, le cyano-ferrure de potassium.

Sirop de codéine. — Incolore, inodore, transparent et d'une saveur amère assez prononcée.

Il ne doit pas se colorer en *jaune* par le soluté d'acide iodique (Berthé), ni en *jaune orangé* par l'acide azotique concentré. (Voyez *Sirop de morphine*.)

25 à 30 grammes étendus de 2 ou 3 fois leur poids d'eau

distillée doivent se troubler *immédiatement* par la solution de tannin (1).

Ce sirop, surtout depuis les récentes et très-intéressantes expériences de M. E. Robiquet, est assez fréquemment demandé aujourd'hui; mais, à cause du prix élevé de la codéine, des pharmaciens peu scrupuleux le remplacent par du sirop de morphine.

On peut reconnaître immédiatement la fraude en ce que le sirop de morphine, même celui qui renfermerait 3 *centigrammes d'alcaloïde par* 30 *grammes de sirop, ne se trouble nullement par la solution de tannin.*

Mais on la constaterait plus sûrement encore par le procédé suivant, qui nous a parfaitement réussi : on prend 40 à 50 grammes du sirop suspecté que l'on agite, dans un flacon bouché, à plusieurs reprises dans l'espace de vingt-cinq à trente minutes, avec son volume d'éther rectifié; on laisse en suite reposer, on décante l'éther qui surnage le sirop dans une petite capsule où on le laisse s'évaporer spontanément, puis on traite le résidu par un peu d'eau distillée bouillante. Si l'on a affaire à du sirop de codéine, le soluté aqueux doit *être amer* et précipiter abondamment par le tannin (2). Le sirop de morphine, soumis à la même expérience, ne donnera que des *résultats négatifs.*

(1) M. Berthé, pharmacien de Paris, qni a cru devoir faire une *spécialité* du sirop de codéine, sous prétexte de régulariser sa préparation, dit que son sirop en contient 25 milligrammes par 30 grammes. Cependant nous avons constaté qu'un sirop qui renfermait cette quantité d'alcaloïde, et même seulement 20 milligrammes, se troublait encore *immédiatement* par le soluté de tannin, tandis que celui vendu sous le cachet Berthé ne commençait à *louchir* qu'au bout de *deux ou trois heures* de contact avec le même réactif.

(2) Si l'on voulait isoler l'alcaloïde pour le caractériser, il faudrait recueillir le précipité, le triturer avec un peu de chaux éteinte, sécher le mélange, le réduire en poudre, traiter la poudre par l'alcool à l'ébul-

Sirop de coings. — Légèrement coloré en jaune, odeur qui rappelle celle du coing, saveur *idem.*

Il brunit par l'addition de quelques gouttes de chlorure ferrique.

Sirop de consoude. — Peu coloré, surtout s'il a été préparé avec la racine débarrassée de la pellicule noire qui la recouvre, saveur peu différente de celle du sirop de sucre.

Les alcalis caustiques ou carbonatés le colorent en jaune, et le chlorure ferrique en *vert brunâtre.*

Ces deux caractères permettent de le distinguer du sirop de sucre, qu'on lui substitue quelquefois.

Les alcalis jaunissent aussi le sirop de guimauve, mais comme il n'est pas affecté par les sels ferriques, il est donc facile de le distinguer chimiquement du sirop de consoude.

Sirop de coquelicots. — Couleur d'un rouge tellement foncé que le sirop, vu en masse un peu considérable, paraît noir; saveur *caractéristique* pour une personne un peu exercée.

2 grammes de ce sirop étendus de 30 grammes d'eau doivent donner un soluté d'un beau rouge que les acides avivent.

Sirop diacode (*sirop de pavot blanc*). — Coloré en brun assez foncé, transparent, odeur caractéristique d'extrait de pavot, saveur modérément amère.

Ce sirop consciencieusement préparé est, quoi qu'on en

lition, et, enfin, évaporer la solution alcoolique à une douce chaleur d'étuve, pour recueillir l'alcaloïde et le soumettre à l'action des réactifs convenables.

ait dit, une excellente préparation. Et c'est bien à tort, selon nous, que beaucoup de pharmaciens, sans le consentement *formel* du médecin, lui substituent le sirop d'extrait d'opium. C'est en se permettant toutes ces substitutions sans raison qu'on livre la thérapeutique à l'anarchie.

On distinguera toujours facilement le *vrai sirop diacode* du sirop d'opium, par sa couleur qui est beaucoup plus foncée que celle de ce dernier, et aussi par son odeur et sa saveur qui sont caractéristiques pour une personne un peu exercée.

Sirop de digitale. — Couleur jaune brun peu foncée, saveur passablement amère rappelant celle de la plante, odeur également prononcée de digitale.

Le sirop de digitale, mélangé d'un tiers d'acide chlorhydrique concentré et incolore, prend au bout de dix à douze heures *une teinte beaucoup plus foncée.*

Les sels de sesquioxyde de fer le colorent en vert brunâtre.

Sirop de digitaline. — Incolore, inodore, transparent et d'une saveur *très-amère.*

Si l'on ajoute à 30 ou 40 grammes de ce sirop 15 à 20 grammes d'acide chlorhydrique *concentré et incolore*, le mélange prend au bout de dix à douze heures une couleur *jaune verdâtre* très-prononcée (1).

Le tannin ajouté à 30 ou 40 grammes du même sirop n'y produit aucun trouble.

Sirop d'écorces d'oranges amères. — Couleur d'un

(1) L'on sait que la digitaline *pure* possède pour caractère spécial de colorer en vert l'acide chlorhydrique concentré.

jaune brun assez foncée, saveur très-amère et aromatique de curaçao.

Les sels de sesquioxyde de fer le colorent fortement en brun noirâtre.

Tout sirop d'écorces d'oranges amères qui serait *peu coloré* et *peu aromatique* ne renfermerait pas la dose d'écorces prescrite en la formule.

Si ce sirop *était visqueux et filant*, cela indiquerait qu'il aurait été préparé avec des écorces *non mondées*; il faudrait le rejeter.

Sirop d'ergotine. — D'une couleur rouge brun, saveur mixte d'ergotine et de fleur d'oranger, mais sans la *moindre amertume*.

Le chlorure ferrique en exalte la couleur brune.

Étendu de deux volumes d'eau, le tannin y occasionne au bout de quelque temps un léger précipité.

Sirop d'éther. — Incolore, *transparent*, odeur et saveur éthérées.

Quelques pharmaciens préparent ce sirop extemporanément, en ajoutant un peu d'éther à du sirop de sucre et agitant. Ce mode de faire est vicieux en ce qu'il ne permet pas de combiner assez intimement l'éther au sirop.

On reconnaît le sirop préparé extemporanément en ce qu'il n'est *jamais transparent*.

Sirop de fumeterre. — Coloré en brun clair, inodore, saveur amère ayant quelque chose de nauséeux.

Les sels de sesquioxyde de fer lui communiquent une teinte *brun verdâtre*.

Quelques pharmaciens préparent ce sirop avec l'extrait

de la plante ; dans ce dernier cas il *est plus coloré et moins amer.*

Sirop de gaïac. — Peu coloré, *non transparent*, d'une saveur balsamique analogue à celle de la vanille, mais qui laisse un *arrière-goût d'âcreté très-prononcée.*

Une solution concentrée de chlore versée avec ménagement dans 25 à 30 grammes de ce sirop y développe *une couleur verdâtre.*

Sirop de gentiane. — Couleur jaune, odeur de gentiane, saveur *très-amère.*

Les alcalis exaltent la couleur de ce sirop.

Les sels de sesquioxyde de fer ne l'affectent pas.

Sirop de gomme arabique. — Ce sirop, le plus fréquemment employé pour édulcorer les tisanes, est aussi très-souvent bien mal préparé, principalement celui que débitent les confiseurs, les herboristes et les épiciers.

C'est, selon les lieux et les circonstances, tantôt du sirop de sucre pur, tantôt un mélange de sirop de sucre et de sirop de *glucose*, tantôt aussi du sirop de gomme ne renfermant que le quart, le tiers ou la moitié de la quantité de gomme qu'il devrait contenir.

Le sirop de gomme *normal* doit être épais, transparent, d'une saveur qui trahit celle de la gomme, *et ne jamais laisser déposer de sucre cristallisé* (1) *sur les parois des vases qui le contiennent.*

(1) Nous consignons ici cette observation parce que nous avons vu des cristaux de sucre au fond de bouteilles qui renfermaient du sirop, portant sur les étiquettes : *Sirop de gomme.* Or, ce dépôt de sucre cristallisé démontrait précisément que le prétendu sirop de gomme n'était que du *sirop de sucre.*

Il doit posséder les caractères chimiques suivants :

1° Se colorer en bleu indigo ou en bleu de ciel (1), au bout de quelques instants, avec la teinture de *résine de gaïac* (25 à 30 gouttes de teinture pour 30 à 40 grammes de sirop) ;

2° Donner un magma blanc lorsqu'on l'agite avec deux volumes d'alcool à 85° ;

Si l'on voulait y doser la gomme, on en prendrait un poids connu (20 grammes, par exemple), que l'on introduirait dans un petit ballon avec 8 à 10 fois son volume d'alcool à 85°, ajouté par petites portions en agitant vivement chaque fois, l'on porterait à l'ébullition, on laisserait déposer, et l'on décanterait avec précaution le liquide surnageant la gomme lorsqu'il serait devenu *tout à fait limpide*. Ensuite, on redissoudrait le précipité dans un peu d'eau, on en précipiterait de nouveau la gomme avec quantité suffisante d'alcool à 90°, on laverait à plusieurs reprises le précipité avec de nouvel alcool pour le débarrasser de la petite quantité de sucre qu'il pourrait retenir ; finalement, on le recevrait sur un double filtre taré pour le sécher à l'étuve, puis, avant d'en déterminer le poids, on l'abandonnerait quelque temps (un jour ou deux) à l'air libre, afin de permettre à la gomme de reprendre son eau hygrométrique.

En procédant ainsi, on arrive à un résultat sinon rigou-

(1) Nous avons fait la remarque curieuse que le sirop, préparé en versant simplement du sirop de sucre bouillant sur le soluté de gomme fait à froid et mélangeant, se colorait *presque instantanément en bleu indigo* par le réactif, tandis que celui obtenu *en faisant bouillir le soluté de gomme* avec le sirop de sucre conformément au Codex ne prenait jamais qu'une teinte *bleu de ciel* plus lente à se développer. La gomme, en bouillant avec le sirop, éprouve donc une modification chimique.

reusement exact, au moins approximatif, suffisant pour la plupart des cas qui peuvent se présenter.

Voici un autre procédé proposé par M. Roussin, mais que nous avons modifié en diminuant de moitié le volume d'eau parce que nous avons reconnu qu'en étendant le sirop de 20 parties, comme l'a proposé cet habile chimiste, la gélatinisation du mélange se faisait mal et souvent même pas du tout.

On prend un tube de 14 à 15 centimètres de hauteur et de 22 à 24 millimètres de diamètre intérieur, fermé par un bout et divisé en 15 parties égales, on y verse un volume de sirop, 9 volumes d'eau et 5 à 6 gouttes d'un soluté de sulfate de sesquioxyde de fer *bien neutre* et au quart ; on agite en retournant plusieurs fois le tube pour bien opérer le mélange. Si le sirop soumis à l'essai renferme la proportion de gomme prescrite par le Codex ou à peu près, au bout de cinq minutes ce mélange offre l'aspect d'une gelée très-ferme qui permet de retourner le tube sans qu'il s'écoule une seule goutte de liquide. Or, tout sirop qui, soumis à cette expérience, n'est pas entièrement gélatinisé au bout de cinq minutes peut être considéré comme ne contenant pas assez de gomme. S'il n'en renferme, par exemple, que moitié de la dose du Codex, il n'est pas encore solidifié au bout de vingt à vingt-cinq minutes, et tout le liquide se répand dès qu'on essaye de retourner le tube.

Nous recommandons ce mode d'essai expéditif et suffisamment exact à nos confrères chargés des inspections.

Dans tout ce que nous venons de dire, nous avons supposé avoir affaire à un sirop préparé avec du *sucre pur* ; mais le cas pourrait se présenter où l'on aurait frauduleusement ajouté au sirop de gomme, dans un but d'économie, une certaine quantité de sirop de fécule.

On reconnaîtrait la fraude : 1° en ce qu'un pareil sirop,

étendu de son volume d'eau, mis à bouillir avec de la potasse caustique dans un petit matras, se colorerait en brun caramel; 2° en ce que, mélangé avec quelques gouttes d'iodure ioduré de potassium (1), il prendrait une *couleur rouge* et non jaune.

Sirop de goudron. — Couleur un peu ambrée, odeur et saveur légère de fumée et de créosote.

L'ammoniaque le brunit un peu, l'acide azotique lui communique d'abord une couleur jaune foncée, qui passe au *jaune clair pur* au bout de quelque temps et persiste.

Sirop de groseilles. — Ce sirop est tellement connu de tout le monde que nous aurions pu n'en pas parler; mais comme on a constaté qu'on le fabriquait quelquefois artificiellement, soit avec un mélange de vin, de sucre et de sirop de framboises, soit avec du sirop tartrique auquel on ajoute des matières colorantes, nous devons dire que l'on reconnaîtrait la fraude, dans le premier cas, en ajoutant à une certaine quantité de sirop étendu de son volume d'eau un peu d'une solution aqueuse de gélatine; pour le second cas, on aurait recours à l'essai par le chlorure de potassium. (Voyez *Sirop d'acide citrique.*)

Le sirop de groseilles *normal* doit être d'une belle couleur rouge et d'une saveur franche agréable. Les alcalis lui communiquent *une couleur brun-pourpre violacé.*

On rencontre dans le commerce des sirops de groseilles

(1) Ce réactif, recommandé par Soubeiran, est préférable à la potasse, parce qu'il agit seulement sur le sucre de fécule et non sur le *sucre interverti*, cas dans lequel la potasse noircit également.

Soubeiran recommande, pour préparer son réactif, de faire dissoudre 2 grammes 1/2 d'iodure de potassium dans 100 grammes d'eau distillée, et d'ajouter à la solution assez d'iode pour qu'une partie refuse de s'y dissoudre. On conserve la solution sur son excès d'iode.

d'une couleur très-foncée qui prennent au contact de l'ammoniaque une teinte *jaune verdâtre olive.* Ces sirops, qui sont surtout recherchés des limonadiers doivent leur couleur foncée à une addition de jus de cerises noires.

Sirop de guimauve. — Couleur légèrement jaunâtre ou jaune tirant sur le verdâtre, odeur et saveur de guimauve très-reconnaissables pour une personne un peu exercée.

L'ammoniaque et les autres alcalis caustiques ou carbonatés communiquent à ce sirop une belle teinte jaune.

Dans le commerce et même dans beaucoup de pharmacies, on délivre du sirop de sucre pour du sirop de guimauve, mais la fraude, comme on le voit, est facile à constater, non-seulement à la saveur qui ne trompe jamais une personne exercée, mais encore au moyen des alcalis, *qui ne jaunissent pas le sirop de sucre.*

Un sirop de guimauve que l'on soupçonnerait contenir du sirop de fécule serait soumis à l'essai indiqué à l'article *Sirop de gomme* (1).

Sirop d'hyposulfite de soude. — Incolore, inodore, d'une saveur légèrement amère rappelant celle des sels sodiques.

Deux grammes d'acide sulfurique versés dans 30 grammes de ce sirop étendu de son poids d'eau, doivent y occasionner, au bout de quelques minutes, *un trouble blanc laiteux* dû à

(1) Il ne faudrait pas oublier, toutefois, en faisant cet essai, qu'un sirop qui aurait été préparé avec un décocté de racine de guimauve au lieu d'*un infusé à froid*, comme le prescrivent avec raison le Codex et les pharmacopées modernes, prendrait une couleur *violacée* plus ou moins intense par le réactif ioduré, couleur qui serait due à un peu d'amidon contenu dans la guimauve et dissous par l'ébullition.

du soufre très-divisé qui se dépose, et il se dégage en même temps de l'acide sulfureux, *reconnaissable à l'odeur piquante des allumettes qui brûlent.*

Un sirop qui serait fait avec du sulfite de soude *au lieu d'hyposulfite* laisserait seulement dégager de l'acide sulfureux, *sans dépôt de soufre.*

Sirop d'iodure de fer. — Incolore s'il vient d'être préparé, légèrement ambré s'il est fait depuis quelque temps *et surtout si les vases qui le contiennent ne sont pas pleins*; inodore et d'une saveur ferrugineuse ou *d'encre.*

L'acide azotique le colore instantanément en rouge brun, et si l'on ajoute quelques gouttes de soluté d'amidon le mélange prend une teinte bleue (1).

Étendu de son poids d'eau distillée, il doit donner un abondant précipité jaune avec l'acétate de plomb.

Les alcalis occasionnent un précipité verdâtre dans 30 grammes du même sirop étendu de 2 ou 3 fois son poids d'eau distillée. Enfin la solution de tannin lui communique une teinte noire violacée, et il noircit plus ou moins toutes les tisanes des plantes qui renferment ce principe immédiat.

Le sirop d'iodure de fer étant un médicament précieux très-fréquemment employé aujourd'hui, MM. les médecins doivent veiller à ce que celui qu'ils prescrivent soit bien préparé.

(1) Nous avons eu occasion d'examiner, il y a quelques années, un *prétendu* sirop d'iodure de fer vendu par un pharmacien, qui n'éprouvait aucune coloration de la part de AzO^5, et que l'acétate de plomb ne troublait pas. Le tannin seulement y décelait une trace de fer. Ce sirop, qui ne *renfermait pas un atome d'iode*, ne contenait qu'une quantité excessivement minime de sulfate de fer, ainsi que nous nous en sommes assuré.

Sirop d'iodure ferroso-manganeux. — Ce sirop quelquefois demandé maintenant possède les propriétés physiques, organoleptiques et chimiques du sirop d'iodure de fer. Mais si l'on voulait s'assurer qu'il renferme bien du manganèse, voici comment il faudrait opérer.

Dans 120 à 150 grammes de sirop à examiner, étendu de 3 fois son poids d'eau distillée, on ajouterait *à chaud* un léger excès de carbonate de soude, qui y occasionnerait un précipité verdâtre. On laisserait déposer ce précipité, on le laverait à plusieurs reprises, par décantation, à l'eau pure; on le recueillerait sur un petit filtre, on l'y laisserait bien égoutter, puis on le dissoudrait dans un excès d'eau régale; on concentrerait la dissolution jusqu'en consistance de sirop épais, on l'étendrait d'eau distillée (15 à 20 grammes) et l'on y délayerait un excès de carbonate de baryte pour en isoler le fer. Au bout d'un moment, lorsque tout signe d'effervescence aurait cessé, on délayerait le magma formé dans une quantité suffisante d'eau distillée chaude, on verserait le tout sur un filtre pour en isoler l'oxyde de fer et l'excès de carbonate barytique, on instillerait dans la liqueur claire un léger excès de sulfate de soude pour précipiter la petite quantité de sel barytique qu'elle contiendrait, on filtrerait de nouveau pour isoler le sulfate de baryte, et l'on ajouterait au liquide filtré quelques gouttes d'une solution de potasse caustique, qui devrait y occasionner, presque de suite, un léger précipité brun floconneux d'oxyde manganeux; on laverait bien ce précipité pour le traiter à l'ébullition, dans un petit matras, par de l'eau fortement acidulée par l'acide azotique et un peu d'acide plombique (oxyde puce de plomb), et l'on obtiendrait une liqueur d'une belle teinte rouge un peu violacée due à la formation de l'acide permanganique.

On pourrait encore, au lieu de soumettre l'oxyde manganeux à l'action de l'acide azotique et de l'acide plombique, le recueillir pour le calciner avec du nitre et de la potasse ; on obtiendrait ainsi du manganate de potasse, qui se dissoudrait dans l'eau en la colorant en vert. Les acides étendus feraient passer la liqueur au rose et l'acide sulfureux la décolorerait. Mais ce procédé qui est plus long que le premier, ne vaut pas mieux comme réaction caractéristique du manganèse.

Sirop d'iodure de potassium. — Incolore, inodore et d'une saveur qui est sensiblement la même que celle du sirop de sucre.

L'acide azotique et l'acétate de plomb se comportent avec ce sirop absolument comme avec celui d'iodure de fer, mais le *tannin ne l'affecte pas.*

Sirop d'iodure de potassium et de mercure. (*Sirop du docteur Gibert.*) — Incolore, inodore et d'une saveur peu différente de celle du sirop de sucre.

Ce sirop se comporte comme le sirop d'iodure de potassium avec l'acétate de plomb et l'acide azotique, mais comme il renferme en plus une petite quantité d'iodure mercurique, on y décèle la présence de ce dernier composé au moyen de l'acide sulfhydrique ou mieux du sulfhydrate d'ammoniaque qui le colorent *en vert noirâtre.* Il faut agir sur 40 à 50 grammes de sirop, et si l'on emploie la dissolution d'acide sulfhydrique, en mettre un volume triple ou quadruple de celui du sirop.

Sirop d'ipécacuanha. — Couleur d'un jaune brun assez foncée, inodore, saveur sensiblement amère.

Les sels de sesquioxyde de fer le colorent en vert brunâtre.

Vu le prix assez élevé de l'ipécacuanha, un assez grand

nombre de pharmaciens trouvent plus économique de délivrer, aux lieu et place de ce sirop, un *sirop d'émétique incolore*, ou coloré avec un peu de caramel.

On reconnaîtra facilement cette substitution blâmable en ce que le sulfate de sesquioxyde de fer n'affectera pas un semblable sirop, puis plus sûrement encore au moyen de l'acide sulfhydrique, qui y produira du sulfure d'antimoine *jaune orangé*.

Pour faire l'expérience, on prend 50 à 60 grammes de sirop à essayer que l'on étend de deux ou trois fois son poids d'eau distillée, puis on fait arriver pendant quelque temps dans le mélange un courant de gaz sulfhydrique. Si le sirop a été fait avec de l'émétique, le réactif colore aussitôt la liqueur en *jaune orangé*. Lorsqu'on a fait passer assez de gaz, on porte le mélange à l'ébullition, afin que le sulfure d'antimoine se dépose plus facilement, et quand il est précipité, on le recueille si on le juge nécessaire pour en revivifier le métal en le calcinant avec un alcali et un peu de charbon.

Le *vrai sirop d'ipécacuanha* ne donne lieu à aucune coloration ni à aucun précipité avec le gaz acide sulfhydrique.

Enfin 30 grammes de sirop d'ipécacuanha étendus de 60 grammes d'eau distillée doivent se troubler par la solution de tannin et laisser déposer, au bout de 10 à 12 heures, un *volumineux* précipité floconneux.

La même quantité de sirop à l'émétique (alors même qu'elle contiendrait 10 centigrammes de ce sel), soumise à la même expérience, ne donnerait ni trouble ni précipité.

Sirop de lactate de fer. — Couleur ambrée, saveur ferrugineuse, mais très-supportable.

Quelques grammes de ce sirop se colorent immédiatement en noir violacé par la solution de tannin, et en bleu par le cyanoferrure de potassium.

15 grammes du même sirop étendus d'eau pure *ne doivent pas se troubler par l'azotate de baryte.*

30 grammes étendus de trois parties d'eau distillée prennent *immédiatement* par la dissolution de carbonate de soude une couleur verdâtre qui passe petit à petit au brun, *mais sans jamais laisser déposer de précipité.*

Au contraire, un sirop dans lequel on aurait substitué le *sulfate ferreux* au lactate *précipiterait par l'azotate de baryte et par le carbonate de soude.*

Sirop de lactucarium. — A peine coloré, saveur amère assez prononcée, rappelant, à ne pas s'y méprendre, celle du suc blanc qui découle d'une tige de laitue que l'on incise.

Comme il est d'usage d'aromatiser ce sirop avec un peu d'eau de fleurs d'oranger, il doit aussi en posséder un peu le goût.

Le sirop de lactucarium, qui commence à être assez fréquemment demandé, ne doit pas être confondu avec le sirop d'extrait de tiges de laitue (sirop de thridace), qui est très-coloré, dépourvu de saveur caractéristique et vraisemblablement à peu près inerte.

Il est avéré aujourd'hui que ce sirop, vendu comme *spécialité* par M. Aubergier, doit ses propriétés sédatives à la petite quantité d'extrait d'opium qu'il contient (0,25 par kilogramme), et non au lactucarium dont les propriétés calmantes sont au moins fort douteuses.

Sirop de lichen d'Islande. — Peu coloré, *jamais parfaitement transparent.*

Sa saveur pour une personne un peu exercée rappelle bien celle du lichen.

L'alcool fort y occasionne un trouble assez considérable, et à la longue un précipité.

Étendu d'eau, il prend avec l'eau iodée ajoutée en quantité convenable une teinte verte bleuâtre, phénomène dû à la petite quantité d'amidon que renferme le lichen.

NOTA. — Ce sirop n'étant pas susceptible d'une longue conservation, il convient de ne le préparer qu'au moment où il est demandé.

Sirop de limon. — C'est le sirop de suc de citron, mais ainsi que nous l'avons déjà dit (voyez *Sirop d'acide citrique*) on le remplace dans la plupart des pharmacies par un sirop citrique aromatisé avec la teinture de zestes frais de citrons, qui est plus agréable que le sirop fait avec le suc de citrons, et qui n'offre pas, comme ce dernier, l'inconvénient de se colorer à la longue.

Un sirop de limon dans lequel, par économie, on aurait remplacé l'acide citrique par l'*acide tartrique* se reconnaîtrait par le moyen déjà indiqué. (Voyez *Sirop d'acide tartrique.*)

Sirop de matico. — Couleur d'un jaune brun assez foncée, odeur assez aromatique qui rappelle un peu celle du marrube, saveur un peu poivrée. Étendu de son volume d'eau, il donne un soluté jaune dont les alcalis exaltent la couleur, et que les sels ferriques colorent en *brun verdâtre.*

Sirop de monésia. — Couleur brune tellement foncée que le sirop vu en quantité un peu considérable paraît noir, inodore, saveur astringente prononcée et légèrement amère.

Douze à quinze gouttes de ce sirop délayées dans 30 gr. d'eau donnent un soluté qui n'est pas d'un *rouge vif* comme avec le sirop de ratanhia. Ce soluté agité vivement produit une mousse *très-persistante*, phénomène que ne présentent ni le sirop de cachou, ni celui de ratanhia.

Le même soluté est coloré en brun noirâtre par le chlorure ferrique, *mais sans que ce réactif y fasse naître de précipité.* L'acide chlorhydrique, au contraire, y occasionne un léger précipité au bout de quelques heures.

Sirop de morphine. — Le sirop de morphine est ordinairement préparé avec l'acétate, mais on pourrait sans inconvénients employer le sulfate ou le chlorhydrate.

Quel que soit d'ailleurs le sel morphique qui ait servi à le préparer, il est incolore, inodore et d'une saveur légèrement amère.

Si l'on ajoute à 30 à 40 grammes de ce sirop 4 à 5 grammes d'acide azotique à 40, le mélange prend, au bout de 30 à 40 minutes une teinte *jaune orangé*, qui disparaît au bout de quelque temps pour faire place à une légère *couleur jaune qui persiste.*

On pourrait encore caractériser ce sirop en mettant à profit la propriété découverte par Sérullas à la morphine de décomposer l'acide *iodique* en mettant son iode en liberté. Pour cela il suffirait de verser dans 25 à 30 grammes 10 à 12 gouttes d'un soluté d'acide iodique au quart et d'agiter; immédiatement le sirop prendrait une teinte jaune, et, en ajoutant quelques gouttes d'un soluté d'amidon, on verrait le mélange devenir verdâtre, puis bleu au bout de quelque temps (1).

(1) On pourrait encore, au lieu de faire agir le soluté d'amidon sur le sirop préalablement additionné d'acide iodique, l'agiter à plusieurs reprises, après l'avoir étendu de son volume d'eau, avec 5 à 6 grammes

Nous avons dit, en parlant du sirop de codéine, que des pharmaciens peu scrupuleux lui substituaient le sirop de morphine qui coûte beaucoup moins cher. Nous renvoyons au *sirop de codéine* pour les moyens à employer pour constater cette substitution très-blâmable.

Sirop de mûres. — Couleur d'un rouge foncé, odeur et saveur *caractéristiques du fruit,* surtout lorsqu'il a été préparé avec le suc récemment extrait.

L'ammoniaque fait passer la couleur du sirop de mûres au *vert brun sale.*

Sirop de nerprun. — Couleur tellement foncée que le sirop, même en petite quantité, paraît noir; saveur passablement amère.

Ce sirop étendu d'eau donne un soluté d'un *rouge vineux ou pourpre.* Si l'on y ajoute de l'eau de chaux, ou quelques gouttes d'un alcali quelconque, le mélange passe de suite au *vert brunâtre.*

Nous avons vu vendre pour du sirop de nerprun un sirop composé de séné et de mélasse. La fraude est facile à constater, non-seulement à la couleur et la saveur, mais encore parce que les alcalis ne modifient pas la teinte d'un tel sirop.

Sirop de noyer. — Ce sirop, assez fréquemment employé maintenant, est préparé avec l'extrait de feuilles, d'après la formule du docteur Négrier.

Il est fortement coloré, non amer et sans saveur réellement bien caractéristique (1).

de sulfure de carbone, lequel s'emparerait de l'iode mis en liberté par la morphine et prendrait une *teinte rose*, couleur que communiquent toujours à CS^2 les quantités les plus infinitésimales d'iode.

(1) Si cependant on le prépare avec de l'extrait *obtenu dans le vide,*

Les sels de sesquioxyde de fer lui communiquent une teinte *vert-brunâtre*. Cette teinte est surtout caractéristique quand le sirop est très-étendu d'eau.

Disons, puisque l'occasion s'en présente, que nous préférerions que l'on adoptât, pour préparer ce sirop, le *modus operandi* recommandé par M. Lhermite, parce que ce procédé présente le double avantage de donner un sirop plus actif et qui possède un cachet caractéristique.

Voici ce procédé :

Prendre des feuilles récentes de noyer, les piler convenablement et ensuite les soumettre à la presse : elles donnent très-peu de suc, mais le résidu est pilé de nouveau avec le quart de son poids d'eau, puis pressé à son tour. Les deux liqueurs réunies sont chauffées au bain-marie pour coaguler l'albumine, et le suc à demi refroidi est filtré pour être converti en sirop par simple solution.

Le sirop de noyer ainsi obtenu possède une saveur *tellement caractéristique* qu'il suffit d'y ajouter la quantité convenable d'eau-de-vie pour reproduire le *brou de noix* des confiseurs.

Sirop d'œillets. — D'une belle couleur rouge, odeur et saveur rappelant un peu celle du girofle.

Les acides dilués avivent sa couleur, les *alcalis le verdissent.*

Un sirop d'œillet qui aurait été préparé avec une infusion de fleurs de coquelicot et quelques clous de girofle se distinguerait du sirop *normal*, en ce qu'au lieu de verdir par les alcalis il prendrait une teinte *brune* tirant sur le pourpre.

il possède bien, dans ce cas, la saveur et l'odeur caractéristiques des feuilles de noyer.

Sirop d'opium. — Peu coloré, d'une saveur légèrement amère dans laquelle une personne un peu exercée reconnaît facilement celle de l'opium.

Les médecins désignent aussi quelquefois ce sirop sous le nom de *sirop thébaïque*, mais ils ne doivent pas, comme quelques-uns le font, le confondre avec le sirop diacode, qui est, lui, le sirop *d'extrait alcoolique de pavot.*

On peut constater la présence de l'opium dans ce sirop par le procédé suivant : on en prend 30 grammes que l'on additionne de 7 à 8 gouttes d'un soluté d'acide iodique au sixième; au bout de dix minutes on ajoute au mélange, dont la couleur est devenue *plus foncée*, 30 grammes d'eau distillée et 5 grammes de sulfure de carbone bien exempt d'acide sulfhydrique; on agite et après dépôt du sulfure on décante le liquide surnageant. Le sulfure lavé deux fois à l'eau distillée doit offrir une légère teinte rose. Volatilisé dans un tube à l'orifice duquel on a placé un papier humide légèrement amidonné, il doit le colorer en bleu.

Sirop d'oranges. — Ce sirop devrait être préparé avec le suc d'oranges; mais, d'après un usage généralement reçu, on lui substitue le plus souvent un sirop d'acide citrique (1) aromatisé avec la teinture de zestes frais d'oranges, lequel sirop bien préparé est tout aussi agréable que le sirop de suc d'oranges.

Un sirop à l'orange dans lequel on aurait remplacé l'acide citrique par de l'acide tartrique se reconnaîtrait comme il a été indiqué à l'article *Sirop d'acide citrique.*

Sirop d'orgeat. — Ce sirop est opaque, d'un blanc as-

(1) C'est l'acide citrique qui communique aux oranges leur saveur acide.

sez souvent légèrement jaunâtre. Il doit posséder une saveur d'amandes très-agréable.

Étendu d'eau, il doit donner un liquide d'un beau blanc de lait. Pour apprécier ce degré de lactescence dans un sirop que l'on soupçonnerait ne pas contenir assez d'amandes, on ferait une expérience comparative avec un sirop d'orgeat normal, ou mieux l'on essayerait le sirop étendu d'eau au *lactoscope* de M. Donné. Une volume de sirop d'orgeat du Codex mélangé à neuf volumes d'eau donne une émulsion qui doit marquer 43 à cet instrument.

Un sirop d'orgeat qui contiendrait du sirop de fécule brunirait en le faisant bouillir avec une solution de potasse caustique.

Sirops opiacés. — La plupart des sirops dits pectoraux prônés comme spécialités doivent vraisemblablement leur action sédative à la petite quantité d'opium ou de morphine qu'ils contiennent. Nous l'avons constaté il y a déjà longtemps pour le sirop de lactucarium d'Aubergier et le sirop lénitif de Flon en procédant comme nous l'indiquons pour le sirop d'opium. Seulement, comme ces sirops ne renferment jamais que fort peu de principe opiacé, il faut agir sur 60 grammes au moins pour obtenir une légère coloration rose du sulfure de carbone.

Ajoutons que ce procédé ne réussit qu'avec les sirops qui ne contiennent pas de tannin.

Sirop de pensée sauvage. — Ce sirop, d'une couleur jaune, est surtout caractérisé par sa grande viscosité, *qui le rend filant comme du blanc d'œuf.*

L'alcool le trouble à peine. Les alcalis le jaunissent fortement. Les sels de sesquioxyde de fer lui communiquent une teinte verdâtre.

Le sirop qui aurait été préparé avec l'extrait hydroalcoolique de la plante, comme le veulent, avec raison, MM. Couseran et Gobley, ne serait pas filant et serait plus coloré.

Sirop de perchlorure de fer. — D'une belle couleur jaune, saveur atramentraire et styptique peu agréable.

Étendu d'eau, le carbonate de soude y occasionne un léger trouble de couleur rougeâtre; le cyano-ferrure de potassium un précipité bleu foncé *immédiatement,* et le tannin le noircit *subitement.*

Ce sirop devrait toujours être préparé extemporanément, car il résulte des judicieuses observations de MM. Comar et Duroy qu'il ne tarde pas à subir une altération sous l'influence de laquelle le sel ferrique se trouve ramené à l'état de sel *ferreux.* Or, dans ces conditions, le sirop ne posséderait plus les propriétés astringentes et hémostatiques que le médecin en attend.

Sirop de phellandrie. — Couleur assez fortement ambrée, *odeur et saveur caractéristiques des séminoïdes de phellandrie.*

L'ammoniaque le jaunit. Quelques gouttes de chlorure ferrique lui communiquent une teinte verdâtre.

Sirop de pointes d'asperges. — Incolore ou légèrement ambré, odeur et saveur caractéristiques peu agréables.

Les alcalis le jaunissent fortement (1).

(1) Nous avions pensé que cette réaction pouvait être due à la présence de l'asparagine, d'autant plus qu'avec les racines de guimauve et de consoude, qui renferment aussi ce principe immédiat, l'on obtient des sirops que les alcalis jaunissent également; mais comme nous avons constaté que la solution d'*asparagine pure* n'était pas affectée par ces agents, notre supposition, quoique vraisemblable, n'était pas fondée.

Les sels de sesquioxyde de fer ne l'affectent pas.

Sirop de pyrophosphate de fer citro-ammoniacal. — Ce sirop, dont on doit la formule à un des plus savants pharmaciens de Paris, M. E. Robiquet (1), est légèrement coloré en jaune (2) ; sa saveur, qui *n'est nullement ferrugineuse*, rappelle seulement celle de l'eau de fleurs d'oranger qui sert à l'aromatiser.

Le tannin le colore en noir violacé, mais le fer y est dissimulé aux autres réactifs (alcalis, carbonates alcalins et cyano-ferrure de potassium).

Si l'on verse dans 15 grammes de ce sirop, étendus de 30 à 40 grammes d'eau distillée, quelques gouttes d'azotate d'argent, il s'y produit un léger nuage qui disparaît aussitôt; mais en ajoutant un excès de réactif le trouble se maintient et il se dépose, au bout de quelques heures, un léger précipité.

Sirop de quinquina. — Ce sirop est un médicament important, très-employé aujourd'hui. Le Codex prescrit de le préparer avec le quinquina gris, qui est le quinquina *officinal.*

Bien préparé, il doit être d'une couleur de vin de Madère *foncé*, transparent ou tout au plus *légèrement* louche ; sa saveur est médiocrement amère, un peu aromatique et caractéristique pour une personne exercée.

(1) M. Robiquet a publié un travail excessivement intéressant sur la préparation et les propriétés thérapeutiques du pyrophosphate de fer citro-ammoniacal, et nous croyons, comme ce savant, que ce sel est appelé à occuper un rang important dans la thérapeutique.

(2) M. Robiquet conseille de le colorer en rouge avec la cochenille, mais nous préférerions qu'on lui laissât sa couleur naturelle, qui est déjà un caractère physique important.

Les sels de sesquioxyde de fer le colorent en vert noirâtre.

Les alcalis en exaltent la couleur.

30 grammes de ce sirop étendus de trois parties d'eau pure donnent avec le tannin, au bout de 6 à 12 heures, un louche *très-manifeste*, et souvent même un léger précipité.

Un grand nombre de modifications au procédé opératoire du Codex ont été proposées depuis une quinzaine d'années pour obtenir ce sirop; mais une seule nous paraît vraiment importante, c'est celle que M. Félix Boudet a fait connaître dans le *Journal de pharmacie et de chimie*, en 1850.

La commission du futur Codex, en l'adoptant, a rendu la préparation de ce sirop plus rationnelle, et partant le médicament plus actif et plus constant dans ses effets.

Le sirop préparé par le procédé de M. Boudet, qne quelques pharmaciens ont déjà adopté, est *plus coloré*, *plus amer et plus aromatique* que celui du Codex : le tannin y occasionne aussi un trouble plus manifeste et plus considérable, ce qui prouve qu'il renferme davantage d'alcaloïdes.

Sirop de ratanhia. — Couleur rouge brun *tellement foncée* que le sirop vu en quantité un peu considérable paraît noir; saveur *très-astringente* et que l'on trouve un peu amère à la première impression.

Dix gouttes de ce sirop délayées dans 20 grammes d'eau donnent un soluté *rouge* que le chlorure ferrique *neutre* fait passer au brun verdâtre, et il se *dépose un précipité volumineux* au bout de quelques heures.

L'acide chlorhydrique, au contraire, trouble le soluté aqueux de sirop de ratanhia et y occasionne, au bout d'une heure ou deux, *un précipité rouge floconneux*.

Cette action de l'acide chlorhydrique sur le sirop de ratanhia peut servir à le distinguer du sirop de cachou, qui pourrait lui être substitué, car ce dernier *n'est pas affecté par ce même acide.* (Voyez *Sirop de cachou.*)

Quelques pharmaciens, au lieu de préparer ce sirop avec l'extrait comme le veut le Codex, le font avec l'infusé de racine de ratanhia, cas dans lequel, au lieu d'être d'un rouge *brun foncé*, il est d'un rouge vif clair.

Nous ne pensons pas que ce dernier sirop puisse sans inconvénient être substitué à celui de la pharmacopée légale, *car tous les ratanhias ne donnent pas des quantités égales d'extrait.*

Sirop de safran. — Couleur jaune orangée très-intense.

Odeur et saveur *mixte de safran et de vin de Malaga.*

Douze à quinze gouttes de ce sirop délayées dans 30 à 40 grammes d'eau doivent donner un soluté *d'un beau jaune d'or.*

Sirop de salsepareille simple. — Couleur brune *très-foncée*, saveur d'une amertume assez marquée.

Douze à quinze gouttes de ce sirop délayées dans 30 à 40 grammes d'eau donnent un soluté qui, par l'agitation, produit une grande quantité de mousse *très-persistante.*

Sirop de sucre. — Le sirop de sucre n'est pas employé comme médicament, mais il sert d'excipient pour divers sirops que l'on prépare extemporanément.

Il doit être incolore, inodore, transparent et d'un *goût agréable.*

S'il était mélangé de sirop de fécule, on constaterait la

fraude au moyen de l'iodure ioduré de potassium proposé par M. Soubeiran (1). [Voyez *Sirop de gomme.*]

Sirop de sulfate de cinchonine. — Incolore, inodore, transparent, *non opalin* et d'une saveur fortement amère.

L'ammoniaque occasionne un trouble intense dans 10 grammes de ce sirop étendu de deux fois son poids d'eau pure.

Le tannin produit également un trouble, puis un précipité dans le même sirop étendu d'eau.

Ce sirop se distingue de celui de sulfate de quinine : 1° en ce qu'il n'offre pas comme ce dernier une *teinte opaline bleuâtre ;* 2° en ce que le chlore et l'ammoniaque n'y *développent pas de couleur vert-émeraude.* (Voyez *Sirop de sulfate de quinine.*)

Sirop de sulfate de quinine. — Incolore, mais offrant une *légère teinte opaline bleuâtre*, saveur excessivement amère.

L'ammoniaque et le tannin produisent des précipités blancs dans ce sirop étendu de deux ou trois fois son poids d'eau pure.

Si l'on mélange à 10 ou 15 grammes de sirop de quinine deux ou trois fois son volume d'une solution saturée de chlore et que l'on ajoute avec précaution quelques gouttes d'ammoniaque, le mélange prend presque sur-le-champ une belle couleur *vert émeraude.* Ce caractère est *spécial*

(1) Les chimistes se servent aussi pour constater la présence, soit du glycose, soit du sucre interverti dans les sirops, d'un instrument appelé *saccharimètre ;* mais comme cet appareil, qui est d'ailleurs d'une grande précision, ne se trouve que dans quelques rares laboratoires; nous renvoyons pour sa description aux ouvrages spéciaux de chimie.

et servirait au besoin, ainsi que nous l'avons déjà dit, à distinguer le sirop de quinine de celui de cinchonine.

Sirop de tartrate ferrico-potassique. — Ce sirop, dont M. Mialhe a donné la formule, et qui devrait être plus fréquemment employé, est *transparent*, *fortement coloré en jaune brun*, d'une odeur de cannelle (1), saveur *idem*, mais où l'on distingue, au bout d'un instant, une *légère saveur ferrugineuse*.

Le tannin le colore immédiatement en *noir violacé*; mais *le fer y est dissimulé* à l'action des alcalis et à celle du cyanoferrure de potassium.

Sirop de valériane. — Couleur d'un *brun foncé*, odeur et saveur *très-marquées* de valériane.

Quelques pharmaciens préparent encore ce sirop par simple solution du sucre dans un infusé de racine de valériane, procédé bien inférieur à celui du Codex.

Une personne un peu exercée distinguera de suite et très-facilement si le sirop a été bien préparé, car le sirop fait avec l'infusé est *bien moins coloré* et *bien moins aromatique* que le sirop normal.

Sirop de violettes. — Couleur d'un *beau bleu très-foncé*, odeur et saveur *très-caractéristiques* de violettes.

On sait que les alcalis verdissent ce sirop et que les acides le font passer au rouge.

Le sirop de violettes devrait toujours être préparé par le pharmacien, car celui qu'on se procure dans le commerce est sujet à être falsifié.

(1) On doit se servir d'hydrolat de cannelle pour dissoudre le tartrate avant de l'ajouter au sirop de sucre.

La falsification la plus commune consiste à donner pour du sirop de violettes, soit du sirop de pensée des jardins aromatisé avec l'*iris* de Florence, soit un mélange de sirop de pensée et de sirop de violettes.

Les réactifs, selon nous, ne sont pas d'un grand secours pour décéler ces fraudes. Le mieux est de comparer le sirop que l'on suspecte à un sirop normal.

Quant au sirop qui serait fabriqué avec l'infusé de tournesol et *l'iris* de Florence, on le distinguerait aisément à sa saveur *peu agréable*, et surtout à l'action des alcalis, qui ne *le verdissent pas* comme le sirop de violettes.

On a encore indiqué d'autres sophistications de ce sirop, mais nous les croyons si peu communes que nous ne nous y arrêterons pas.

II. — SIROPS COMPOSÉS

Sirop anti-scorbutique de Portal. — Le sirop de Portal, qui est encore quelquefois demandé, diffère du sirop antiscorbutique ordinaire par sa saveur, qui est beaucoup moins piquante et où l'on *ne distingue nullement celle des oranges amères et de la cannelle.*

Il ne rougit pas non plus le papier de tournesol.

Sirop d'armoise composé. — D'une couleur assez intense, odeur et saveur fortement aromatiques et où celle de sabine domine légèrement.

Ce sirop, qui est assez actif, ne doit pas être confondu avec le sirop d'armoise *simple*, lequel est à peu près inerte. Il est donc bien important que MM. les médecins désignent dans leurs prescriptions lequel ils veulent employer.

Sirop de chicorée composé. — Couleur d'un jaune brun *très-foncé*, odeur peu agréable où l'on distingue un peu celle du santal, saveur amère où l'on reconnaît celle de la rhubarbe.

Dix gouttes de ce sirop délayées dans 100 grammes d'eau *distillée* doivent donner un soluté légèrement jaune que l'ammoniaque change subitement en brun rougeâtre.

Avec un sirop qui ne contiendrait pas de rhubarbe, la réaction ci-dessus *n'aurait pas lieu.*

Sirop des cinq racines. — D'une couleur sensiblement la même que celle du sirop d'ipécacuanha, odeur marquée où domine celle de la racine d'ache; saveur *très-aromatique.*

Les sels de sesquioxyde de fer l'affectent d'une manière sensible.

Sirop d'érysimum composé. — Un peu moins coloré que le sirop d'ipécacuanha, *pas d'une transparence parfaite*, odeur et saveur aromatiques et caractéristiques pour une personne exercée.

Sirop d'ipécacuanha composé. (*Sirop de Désessarts.*) — Couleur d'un rouge brun foncé que les acides dilués avivent, saveur légèrement aromatique où domine un peu celle de la fleur d'oranger.

Cinquante grammes de ce sirop étendus de 100 grammes d'eau distillée doivent donner un précipité avec le sous-phosphate de soude ammoniacal. Ce précipité, qui ne prend naissance qu'au bout de quinze à vingt minutes, apparaît au sein du liquide *sous la forme de flocons.*

Sirop de raifort composé. (*Sirop anti-scorbutique*) — Odeur forte *sui generis.*

Saveur *notablement amère et piquante* dans laquelle on doit facilement distinguer celle des oranges amères.

Couleur ambrée un peu foncée vu *par réfraction*, et un peu verdâtre lorsqu'on le regarde *par réflexion, à une certaine distance et sur une quantité de 300 à 400 grammes, dans une bouteille en verre blanc.*

Il rougit légèrement le papier bleu de tournesol. Il brunit quand, étendu d'eau, on le fait bouillir avec de la limaille de fer.

Un kilogramme de ce sirop absorbe dans l'espace de quelques heures un gramme d'iode dissous dans l'alcool ou dans l'iodure de potassium. On reconnaît que la combinaison est complète quand une petite quantité du mélange (30 à 40 grammes) étendue d'eau ne bleuit plus par le soluté d'amidon, ou ne colore plus en rose le sulfure de carbone, lorsqu'on l'agite avec quelques grammes de ce produit.

Le sirop de raifort composé, bien que médicament très-important, n'est pas toujours consciencieusement préparé.

Ainsi, un certain nombre de pharmaciens suppriment la distillation, et se contentent de piler les plantes (cresson, raifort et cochléaria) pour en extraire le suc qu'ils ajoutent à une certaine quantité de vin blanc dans lequel ils ont préalablement fait macérer la cannelle et font ainsi avec quantité suffisante de sucre un sirop qui ne possède ni l'odeur exacte, ni la saveur amère et caractéristique du sirop normal, puisque les oranges amères et le ményanthe en ont été supprimés.

D'autres trouvent plus commode et plus expéditif de le préparer au moyen de certains extraits fluides qu'ils se procurent dans le commerce, extraits dont, au dire de ceux qui les préparent, il suffit d'ajouter une quantité déterminée à du sirop de sucre (ordinairement 100 grammes pour 900 grammes de sirop) pour obtenir une préparation entièrement semblable à celle du Codex. Nous devons dire à ce sujet que nous sommes extrêmement fâché de ne pouvoir partager la conviction de ceux de nos confrères qui recommandent ce procédé, car nous avons toujours trouvé, en comparant les sirops ainsi obtenus à celui de la pharmacopée légale, *qu'ils lui étaient de beaucoup inférieurs.*

Il serait bien important que MM. les professeurs des écoles et MM. les membres des conseils d'hygiène, qui font la visite des pharmacies, portassent spécialement leur attention sur toutes ces substitutions, qui déshonorent ceux qui s'en rendent coupables, en même temps qu'elles sont un danger pour la santé publique.

Afin de justifier les observations qui précèdent nous allons consigner ici une formule de sirop anti-scorbutique que nous avons vu exécuter dans une pharmacie.

Raifort....	1,500 gr.
Cochléaria......................	3 kil.
Cresson.........................	3 kil.
Ecorces d'oranges amères.........	100 gr.
Trèfle d'eau sec................	500 gr.
Cannelle................... ...	16 gr.
Alcool..........................	7 litres.

Pour obtenir 7 litres de liqueur distillée que l'on ajoutait à 40 kilos de sirop de sucre cuit à 33.

Le sirop ainsi préparé, qui était *incolore* et presque inerte eu égard à *la faible quantité* de plantes qu'il renfermait, était cependant vendu *impunément* comme produit de *qualité supérieure* par le pharmacien qui le préparait.

Sirop de salsepareille composé. (*Sirop de Cuisinier.*) — Couleur tellement foncée que le sirop, vu même en petite quanté, *paraît noir*, saveur notablement amère où l'on distingue d'une manière sensible celle de l'anis et de la rose.

Ce sirop est d'une consistance *plus épaisse* que celle des sirops ordinaires ; étendu d'eau il doit donner un soluté *transparent* qui, par l'agitation, produit une *grande quantité de mousse persistante.*

T

TABLETTES

Le nombre des tablettes employées maintenant est peu considérable ; mais comme la plupart des pharmaciens les achètent dans des fabriques spéciales, nous croyons devoir en dire un mot.

Tablettes de baume de Tolu. — Elles sont blanches et doivent posséder une saveur balsamique très-marquée.

Tablettes de bicarbonate de soude ou de Vichy. — Ces tablettes, qui sont d'un beau blanc, possèdent une légère saveur alcaline. Réduites en poudre, elles doivent verdir un mélange d'eau et de sirop de violettes.

Tablettes de sous-nitrate de bismuth. — Elles doivent se colorer en brun lorsqu'on les met en contact avec une dissolution d'hydrogène sulfuré ou d'un monosulfure.

Tablettes de cachou. — Elles sont d'une couleur brune et noircissent au contact d'une solution de perchlorure de fer.

Tablettes de calomel. — Blanches, et doivent prendre une *teinte grise* au contact d'une solution d'acide sulfhydrique ou d'un monosulfure.

Tablettes de chlorate de potasse. — Saveur qui rappelle celle des sels potassiques, mais qui ne se développe qu'au bout de quelques instants. Réduites en poudre et projetées sur des charbons ardents, ces tablettes y fusent et scintillent.

Tablettes de gomme. — Elles sont blanches et entièrement solubles dans l'eau. La solution filtrée doit précipiter par l'alcool fort et par quelques gouttes de persulfate de fer neutre.

Tablettes de guimauve. — Pas d'un blanc parfait, prennent une légère teinte jaune au contact d'une solution alcaline faible, et laissent précipiter de la poudre de guimauve lorsqu'on les traite par l'eau.

Tablettes d'iodure de potassium. — Doivent se colorer en rouge au contact d'une ou deux gouttes d'une faible solution de sublimé, et en jaune par l'acétate de plomb.

Tablettes d'ipécacuanha. — Couleur d'un gris pâle, saveur qui rappelle celle de l'ipéca. Si l'on en fait dissoudre quelques-unes dans de l'eau, la solution filtrée ne doit pas se colorer ni donner de précipité par l'hydrogène sulfuré.

Tablettes de kermès. — Couleur d'un brun marron, odeur ordinairement désagréable. Traitées à froid par l'acide chlorhydrique, elles laissent dégager de l'hydrogène sulfuré qui noircit le papier imprégné d'acétate de plomb, et la solution étendue d'eau reste jaune non transparente.

Tablettes de lactate de fer. — Elles ont une saveur d'encre marquée et se colorent en noir par le soluté de tannin. Leur solution dans l'eau distillée ne doit pas donner par le chlorure de barium de *précipité insoluble dans l'acide azotique.*

Tablettes de magnésie calcinée.— Blanches et d'une saveur peu marquée. Traitées par l'eau chaude, elles laissent un résidu blanc insoluble qui doit se dissoudre *sans effervescence* dans les acides étendus. La solution sursaturée par l'ammoniaque ou par un carbonate alcalin donne un précipité blanc volumineux.

Tablettes de rhubarbe. — Saveur caractéristique de rhubarbe, couleur jaune que les alcalis font passer au *rouge brun.*

Tablettes de santonine. — Elles sont blanches et douées d'une faible saveur amère spéciale qui ne se développe pas instantanément. Réduites en poudre et traitées par l'éther, comme il est dit pour les dragées de santonine, on peut en retirer cette substance, qui possède pour caractère spécial la propriété de se colorer en jaune à la lumière.

TEINTURES

Les teintures alcooliques (alcoolés Guibourt) résultent, comme l'on sait, de l'action de l'alcool à différents degrés sur des substances d'origine végétale ou animale.

Le Codex actuel, de 1837, prescrit pour ces préparations, selon la nature des substances :

1° L'alcool à 56 degrés centésimaux
2° L'alcool à 80 degrés —
3° L'alcool à 86 degrés —

Nous sommes d'avis qu'il vaudrait mieux employer l'alcool à 60, 80 et 90, comme cela a été adopté par la Société de pharmacie de Paris, à la suite de la discussion du rapport sur les teintures en vue de la rédaction du futur Codex.

Les teintures sont des médicaments susceptibles d'une longue conservation, pourvu qu'on ait soin de les tenir dans des vases bien bouchés et non perméables à la lumière. Aussi voudrions-nous voir adopter l'usage des flacons en *verre noir* pour les conserver.

Ce n'est guère qu'aux caractères physiques et organoleptiques qu'un praticien exercé peut reconnaître si une teinture a été bien ou mal préparée (1).

Les teintures de substances résineuses possèdent pour caractère spécial la propriété de donner un mélange d'un blanc de lait plus ou moins intense lorsqu'on les verse dans de l'eau. On peut partager ces teintures en deux catégories :

1o Celles qui possèdent une couleur foncée :

Teintures : d'assa fœtida.
— de baume de tolu.
— de benjoin.
— de cascarille.
de castoréum.
— de gayac.
— de girofles.
— de jalap.
— de sabine.
— de valériane.

(1) Dans la discussion qui a eu lieu dans ces derniers temps sur ce sujet devant la Société de pharmacie, on a exprimé l'idée de trouver dans le poids spécifique de ces préparations le moyen de s'assurer si elles avaient été bien préparées. Mais M. J. Regnauld a péremptoirement démontré que ce moyen n'aurait aucune valeur et ne pourrait même être qu'une cause d'embarras.

2° Celles qui n'offrent qu'une teinte ambrée plus ou moins foncée :

Teintures : de cardamome.
— de colombo.
— de gingembre.
— de myrrhe.
— de pyrèthre.
— de succin.

Parmi les teintures qui ne blanchissent pas l'eau, il faut citer, comme devant posséder une couleur foncée, celles d'*aconit*, d'*absinthe*, de *belladone*, de *cachou*, de *cannelle*, de *ciguë*, de *digitale*, de *jusquiame*, de *stramonium*, de *séné*, de *quinquina les trois espèces*, de *rhubarbe*. Les teintures d'*arnica*, de *colchique* et de *noix vomique* ne possèdent qu'une couleur ambrée plus ou moins intense.

Plusieurs teintures peuvent être distinguées à leur odeur. Les teintures d'*arnica*, d'*ambre gris*, de *castoréum*, de *girofles*, de *safran*, de *vanille* et plusieurs autres sont de ce nombre.

Quelques teintures peuvent aussi être reconnues à la saveur, surtout lorsqu'on les étend d'eau. Selon nous, on peut reconnaître ainsi les teintures de *cannelle*, *digitale*, *gentiane*, *pyrèthre*, *quinquina gris*, *rhubarbe*, *scille*, *valériane*, etc.

Disons en terminant ces généralités que l'on pourrait au besoin s'assurer de la bonne qualité des teintures des plantes qui renferment des alcaloïdes en en faisant évaporer 20 grammes au bain-marie, et traitant le résidu par le procédé que nous avons indiqué pour en constater la présence dans les extraits. (Voyez *Extraits*.)

Teinture de castoréum. — Il est important de s'assurer que cette teinture blanchit fortement l'eau, car on pourrait, dans un but d'économie, lui substituer celle *d'hy-*

raceum, produit d'odeur analogue à celle du castoréum, mais qui en diffère beaucoup par sa nature et ses propriétés, puisque sa teinture alcoolique *ne trouble nullement l'eau.*

Teinture de digitale. — Couleur brune foncée. Cinq à six gouttes versées dans **30** grammes d'eau lui communiquent une saveur très-amère et une légère teinte jaunâtre que les alcalis exaltent beaucoup. Les sels ferriques colorent cette même teinture très-étendue d'eau en brun verdâtre.

Teinture de gaïac. — Cette teinture prend une teinte verdâtre quand on la fait tomber goutte à goutte dans de l'eau chlorée.

Teinture de rhubarbe. — Quelques gouttes de cette teinture versées dans 30 grammes d'eau lui communiquent une teinte jaune que les alcalis font passer au *rouge brun.*

Teinture de safran. — Elle est d'une teinte jaune si foncée, que, vue en masse et par réflexion, elle paraît rouge. Il est important de la conserver à l'abri de la lumière qui la décolore.

Teinture de scille. — Couleur de vin d'Alicante foncé. Quelques gouttes versées dans 30 grammes d'eau lui communiquent une légère couleur *rose brun* qui passe au jaune par les alcalis. Le même soluté prend une couleur verdâtre par les sels ferriques.

TEINTURES COMPOSÉES

Teinture d'aloès composée. (*Elixir de longue vie.*) — Couleur foncée paraissant noire par réflexion. Lorsqu'on agite le flacon qui contient cette teinture elle doit en colorer les parois en *jaune foncé*. Quelques gouttes versées dans 30 grammes d'eau doivent lui communiquer une teinte jaune marquée que les alcalis font subitement passer au *rouge brun*. Cette teinture doit aussi colorer le papier en jaune.

Teinture balsamique. (*Baume du Commandeur.*) — Couleur brune foncée, odeur fortement balsamique. Cette teinture versée en petite quantité dans de l'eau donne un mélange fortement laiteux et un peu jaunâtre qui laisse bientôt séparer de la résine sous forme de flocons nageant au sein du liquide,

Teinture de jalap composée. (*Eau-de-vie allemande.*) — Cette teinture est d'une couleur brune, mais pas très-foncée. Quand on en verse quelques gouttes dans de l'eau, on obtient un liquide *blanc de lait* sans mélange de jaune.

ALCOOLATURES

Sous ce nom, on a introduit dans la thérapeutique, depuis un certain nombre d'années, des teintures faites avec les feuilles ou les fleurs récentes de certaines plantes actives. Pour les préparer, on emploie ordinairement parties égales de plantes contusées et d'alcool à 80 centésimaux.

Les alcoolatures les plus employées sont celles d'*aconit*, de *belladone*, de *ciguë*, de *digitale* et de *stramonium*.

L'alcoolature d'aconit possède une couleur brune assez foncée, tandis que celles de belladone, de ciguë et de stramonium sont beaucoup moins foncées en couleur que les teintures des mêmes plantes préparées avec les feuilles sèches; leur odeur rappelle aussi beaucoup mieux celle de ces plantes. Une goutte ou deux de solution de potasse ajoutée à 30 grammes d'alcoolature de ciguë, exalte l'odeur de la *conicine*.

V

VINS MÉDICINAUX

Trois sortes de vins sont, comme l'on sait, employés à la préparation des vins médicinaux : les vins rouges, les vins blancs et les vins de liqueurs ou sucrés.

Il est de toute nécessité, quelle qu'en soit la sorte, que ces vins soient de bonne qualité ; car il ne faut pas oublier qu'au contact des matières organiques des vins peu généreux subiraient inévitablement une altération plus ou moins profonde dans leurs principes constituants. C'est évidemment dans le but de parer, autant que possible, à cet inconvénient, constaté depuis déjà longtemps par les pharmacologistes les plus autorisés, que les rédacteurs du Codex de 1837 ont prescrit avec raison d'imbiber préalablement certaines substances d'une quantité d'alcool à 56° centésimaux, qui peut varier de 30 à 125 grammes pour 1,000 gr. de vin, selon la générosité de celui-ci, avant de les soumettre à la macération.

D'un autre côté, nous croyons devoir rappeler ici qu'un de nos plus honorables confrères, M. Deschamps (d'Avallon), considérant que les pharmaciens éprouvent souvent les plus sérieuses difficultés à se procurer des vins naturels *de bon aloi*, a proposé, il y a une douzaine d'années, de préparer tous les vins médicinaux avec les vins de toute provenance (blancs ou rouges), mais alcoolisés et sucrés dans des proportions fixes.

Ainsi, pour opérer d'après la méthode proposée par ce distingué collègue, on commence par déterminer la richesse alcoolique du vin que l'on veut employer, puis on l'additionne d'alcool à 86 en quantité suffisante pour l'amener au titre alcoolique de 14 p. 100. Chaque kilo de vin doit en plus contenir 100 grammes de sucre. M. Deschamps a, du reste, dressé un tableau où il indique les quantités d'alcool et de sucre qu'il faut ajouter à un vin quelconque pour en faire du vin alcoolisé et sucré propre à la préparation des vins médicinaux. (Voir *Journal de pharmacie et de chimie*, 1851.)

Le vin alcoolisé et sucré de M. Deschamps laisserait certainement déposer moins facilement quelques-uns des principes qu'il tiendrait en dissolution qu'un vin ordinaire même alcoolisé, aussi préférerions-nous le voir adopter pour la préparation du vin de quinquina, au vin rouge généreux sans autre désignation, prescrit par le Codex. Ajoutons que le vin ainsi préparé plairait mieux aux malades et ne serait pas susceptible de s'aigrir, comme le fait encore assez souvent le vin de quinquina préparé avec le vin ordinaire.

Après avoir sommairement fait connaître notre manière de voir sur la valeur de la méthode de M. Deschamps, donnons les caractères des vins médicinaux les plus employés, préparés conformément au Codex.

Vin d'absinthe. — Il doit être préparé au vin blanc. On le distingue à l'odeur et à la saveur qui sont caractéristiques.

Le **Vin anti-scorbutique**, doué d'une odeur et d'une

saveur qui le caractérisent, et le *Vin diurétique amer de la Charité*, qui possède une saveur très-amère et légèrement aromatique, doivent aussi être préparés au vin blanc.

Vin aromatique. — Préparé au vin rouge. Il doit posséder une odeur *très-marquée* de plantes aromatiques. Les sels de sesquioxyde de fer changent sa couleur en brun tirant un peu sur le gris.

Vin de colchique. — Doit être préparé au vin de Malaga. Sa saveur est peu amère.

Vin de gentiane. — Le Codex actuel (1837) le fait préparer au vin rouge. Il possède, à ne pas s'y méprendre, la saveur amère et caractéristique de la gentiane.

Vin de quinquina du Codex. — Couleur rouge pas très-foncée, à moins qu'il n'ait été préparé avec du vin nouveau; saveur amère rappelant celle du quinquina. Ne doit pas être aigre au goût. Le tannin le trouble, mais pas toujours immédiatement, et y occasionne un précipité au bout de quelques heures. Le trouble et le précipité se manifestent plus tôt si l'on a soin de neutraliser préalablement et avec précaution l'acidité du vin par quelques gouttes d'une faible solution de potasse.

L'ammoniaque occasionne aussi un trouble dans le vin de quinquina, et il se fait à la longue un *volumineux* précipité qui se dépose très-lentement.

Enfin les sels de sesquioxyde de fer le colorent immédiatement en brun verdâtre.

Le **Vin de quinquina au malaga** se comporte, avec

l'ammoniaque, le tannin (1) et les persels de fer, comme le vin de quinquina au vin rouge.

Vin scillitique. — Ce vin doit toujours être préparé au malaga. Il possède une *saveur amère très-marquée.*

(1) Le tannin, cependant, occasionne aussi un précipité dans le vin de Malaga pur; mais ce précipité est moins considérable que celui qu'il détermine dans le vin de quinquina.

CHAPITRE II

PRÉPARATIONS ET PRODUITS CHIMIQUES

A

Acétate d'ammoniaque. — L'acétate d'ammoniaque des pharmacies est liquide et incolore. Il doit marquer 5 degrés à l'aréomètre de Baumé et être *neutre* au papier de tournesol. On en trouve assez fréquemment cependant qui présente une réaction acide.

Acétate de plomb (Sous-). — Le sous-acétate de plomb ou *extrait de saturne* doit être incolore et marquer 34 à 35 degrés à l'aréomètre. On en rencontre assez souvent cependant qui offre une teinte *bleuâtre* ou *verdâtre* due à la présence d'une petite quantité d'acétate de cuivre qui ne devrait pas se trouver dans cette préparation. Les pharmaciens éviteraient cet inconvénient, s'ils avaient soin, lorsqu'ils préparent l'extrait de saturne, de mettre une lame de plomb dans la bassine, comme l'a conseillé M. Deschamps.

Acétate de morphine. — Voyez *Sels de morphine*.

Azotate (Sous-) de bismuth. — D'une belle couleur blanche, insipide. L'acide sulfhydrique et les sulfures le colorent en brun ou en noir.

Trituré avec de la potasse caustique, s'il laisse dégager une odeur ammoniacale marquée, c'est qu'il a été mal lavé.

Ce sel doit se dissoudre sans résidu et sans effervescence dans l'acide azotique, et si l'on a employé de l'acide *pur*, la dissolution ne doit pas précipiter par l'azotate d'argent, car cela indiquerait qu'il contient de l'*oxychlorure*. La même dissolution étendue de son volume d'eau distillée et dont on a précipité tout le bismuth par un léger excès de $AZ H^3$, ne doit pas non plus donner de précipité par l'oxalate d'ammoniaque.

Si l'on calcine dans un petit tube sur la lampe à alcool 0,50 de sous-azotate de bismuth pour en chasser l'acide azotique, et si l'on ajoute au résidu gros comme un grain de fenugrec d'acétate de potasse, en chauffant de nouveau modérément le tube, le mélange ne doit pas laisser dégager d'odeur *alliacée* (odeur de kakodyle) laquelle indiquerait la présence de l'arsenic dans le sel de bismuth (M. Glénard.)

B

Bromure de potassium. — Ce composé, qui est assez fréquemment employé en médecine actuellement, pourrait être mélangé de chlorures ou d'iodures. On y reconnaîtrait la présence des premiers par le moyen que nous avons indiqué, pour en constater la présence dans l'iodure de potassium. (Voyez *Iodure de potassium.*) Pour déceler les iodures alcaalins dans le bromure de potassium il suffirait d'en chauffer quelques grammes dans une petite fiole ou un tube avec de l'acide sulfurique et du bioxyde de manganèse pour mettre en évidence l'iode qui apparaîtrait sous la forme de belles vapeurs violettes.

Le chlorure de palladium et le bichlorure de mercure, qui précipitent les iodures *sans troubler les bromures*, pourraient aussi être employés pour déceler la présence de l'iodure de potassium dans le bromure.

Brucine. — Elle cristallise en prismes droits à base rhomboïdale. Elle est très-soluble dans l'alcool et à peu près insoluble dans l'éther ; l'acide azotique la colore en *rouge de sang* et le mélange passe *au violet* par l'addition d'un peu de chlorure d'étain.

C

Chlorhydrate de morphine. — (Voyez *Sels de morphine.*)

Chloroforme. — Pur, ce composé doit présenter une odeur franche et agréable ; il ne doit pas troubler l'eau, et celui qui en traversant ce liquide deviendrait *opalescent* pourrait être soupçonné contenir de l'alcool.

Lorsqu'on l'agite avec de l'huile d'amandes douces dans un tube sec, le mélange doit être transparent et *non laiteux*.

Mis en contact avec quelques centigrammes de binitrosulfure de fer de M. Roussin, il doit rester limpide et incolore *et ne pas prendre une teinte brune plus ou moins foncée.* Mais pour faire cet essai avec certitude du résultat, il faut préalablement s'assurer si le binitrosulfure (qui est susceptible de s'altérer spontanément) possède bien la propriété de se dissoudre dans l'éther, dans l'alcool et même dans l'eau; car dans le cas où il l'aurait perdue, ce qui peut arriver, il serait impropre à l'usage indiqué.

Enfin, M. Hardy a fait le premier la remarque que le chloroforme *pur* n'attaquait pas le sodium, ou du moins ne laissait dégager aucun gaz au contact de ce corps, tandis qu'il en dégage s'il contient de l'alcool ou certains de ses dérivés qui l'altèrent parfois.

Chlorure ferrique. — Le perchlorure de fer *officinal* est liquide d'une couleur *jaune brun* et d'une densité de 30 degrés à l'aréomètre de Baumé. Il doit être *chimiquement neutre*, et dans ce cas sa saveur n'est que très-faiblement acide. Il coagule instantanément le sang. On doit employer de préférence celui qui a été obtenu par le procédé de M. Adrian, parce qu'il est toujours chimiquement neutre.

Chlorure mercureux. (*Calomel.*) — Le calomel que l'on emploie maintenant est exclusivement celui qui a été préparé à la vapeur. On s'assure qu'il a été lavé avec soin et qu'il ne contient plus de bichlorure en en lavant de nouveau une certaine quantité à l'eau distillée, laquelle filtrée, ne devra être affectée ni par l'ammoniaque, ni par l'acide sulfhydrique.

Selon M. Bonnewyn, pharmacien belge, du calomel placé sur une lame de fer bien polie, puis arrosé d'une goutte d'alcool ou d'éther, n'altère en rien le brillant de cette lame lorsqu'il *est pur* ; tandis qu'il la noircit même lorsqu'il ne contient que 1/50,000 de sublimé, et cette tache noire ne disparaît qu'après une friction prolongée.

Ce moyen d'essai simple est, comme on voit, expéditif.

Le chlorure mercureux se dissout *entièrement à l'ébullition* dans l'acide azotique. On peut faire l'essai en quelques minutes dans un tube sur la lampe à alcool. Un gramme de ce composé pur doit aussi se dissoudre *complètement* et dans l'espace de 5 à 10 minutes, lorsqu'on l'agite avec 100 grammes d'eau saturée de chlore *nouvellement préparée*. Enfin il doit se volatiliser entièrement lorsqu'on le chauffe dans un tube sur la flamme d'une lampe à esprit de vin.

Chlorure mercureux. (*Précipité blanc.*) — Ce chlorure, qui a la même composition que le calomel, en diffère seulement par son état de cohésion qui n'est pas le même. En effet, il est comme onctueux au toucher *et adhère fortement au papier sur lequel on l'étend avec le doigt*, tandis que le calomel, lui, semble avoir quelque chose de plus cristallin et ne présente pas ce caractère.

Le précipité blanc se comporte, du reste, avec l'acide azotique et l'eau chlorée absolument comme le calomel.

Il n'est employé qu'à l'extérieur.

Codéine. — Cet alcaloïde se présente sous la forme de prismes volumineux solubles dans *l'eau bouillante*, l'alcool et l'éther. Si la codéine traitée par l'éther ne s'y dissolvait pas *entièrement*, cela pourrait tenir à ce qu'elle aurait été mélangée de sucre candi qu'on y a quelquefois trouvé. Il faudrait alors, pour s'en assurer, traiter le résidu, comme nous l'avons conseillé il y a quelques années, par quelques grammes d'eau distillée additionnée de 3 ou 4 gouttes d'acide chlorhydrique et faire bouillir quelques instants. On essayerait ensuite par la liqueur de Barreswil, qui donnerait à l'ébullition un précipité rouge d'oxydule de cuivre.

L'acide sulfurique concentré brunirait une codéine qui renfermerait du sucre candi.

Crème de tartre soluble. (Voyez *Tartrate borico-potassique.*)

Cyanure de potassium. — Il ne faut accepter pour

l'usage médical que le cyanure fondu et non *déliquescent*. Lorsqu'il est bien conservé, il ne doit pas laisser dégager d'acide carbonique quand on le traite par un acide étendu. On fait l'essai en produisant la réaction dans une fiole munie d'un tube qui plonge dans de l'eau de chaux limpide ou dans de l'eau de baryte.

E

Éther acétique. — L'éther acétique médicinal est toujours un mélange en proportions variables d'éther, d'alcool et d'eau. Il renferme en outre assez souvent un peu d'acide acétique libre qui lui communique la propriété de rougir le papier bleu de tournesol. Un semblable éther est soluble dans l'eau en toutes proportions.

Nous avons été surpris de voir la Société de Pharmacie, dans ses travaux pour le futur Codex, adopter encore cet éther ou plutôt ce mélange, lorsqu'il est si facile aujourd'hui de préparer l'éther acétique *pur* par la réaction de l'alcool et de l'acide sulfurique sur l'acétate de soude *desséché*. L'éther obtenu par ce procédé et rectifié sur du chlorure de calcium est caractérisé par son peu de solubilité dans l'eau (1 partie sur 7). Il doit aussi être neutre au papier de tournesol, et pour éviter qu'il ne s'acidifie il faut le conserver à l'abri de la lumière dans des flacons entièrement remplis.

Éther sulfurique ou éther hydrique. — L'éther sulfurique médicinal doit marquer 56 degrés à l'aréomètre de Baumé à la température de 15 degrés. S'il a été bien rectifié, il possède une odeur franche et ne laisse après son évaporation spontanée aucune trace d'odeur d'huile douce de vin. Il est peu soluble dans l'eau et neutre au papier de tournesol.

Notons ici qu'il résulte des expériences toutes récentes de MM. J. Regnauld et Adrian :

1° Que les aréomètres employés dans l'industrie pour apprécier le titre de l'éther sulfurique ne donnent pas des résultats exacts ;

2° Que le carbonate de potasse bien desséché par une calcination au rouge est le meilleur agent à employer pour la déshydratation de l'éther contenant aussi de l'alcool.

Aussi ces chimistes ont-ils donné la description d'une nouvelle méthode *éthérométrique*, fondée sur la détermination de la densité de l'éther avant et après l'action du carbonate de potasse, et ils ont joint à leur travail une table générale qui permet de calculer, au moyen de deux expériences densimétriques, les proportions d'éther pur, d'alcool et d'eau contenues dans un éther quelconque.

(Voir *Journal de Pharmacie et de Chimie*, tome XLV, page 193.)

F

Fer réduit par l'hydrogène. — Bien préparé, il est léger et plutôt gris que noir. Traité par l'eau aiguisée d'acide chlorhydrique ou sulfurique, il doit s'y dissoudre *sans résidu*, et le gaz qui se dégage ne doit pas brunir sensiblement le papier imprégné d'acétate de plomb ni exhaler l'odeur désagréable des gaz carburés qui se forment lorsqu'on attaque la fonte par un acide étendu d'eau.

G

Glycérine. — La glycérine officinale doit être incolore, inodore, d'une densité *minimum* de 28 degrés au pèse-sirops et sans action sur le papier bleu de tournesol et le sirop de violettes. Si on l'agite avec deux volumes d'alcool éthéré (alcool 100, éther 50), elle doit s'y mélanger sans y occasionner la formation d'aucun trouble ou dépôt ; elle ne doit pas se colorer par le sulfhydrate d'ammoniaque, ni lorsqu'on la fait bouillir avec une solution de potasse caustique, ni lorsqu'on la chauffe au bain-marie après l'avoir additionnée de quelques gouttes de SO^3. Celle qui, dans cette dernière expérience, se colorerait en *brun* ou en *noir* serait mélangée de sirop de sucre.

La *glycérine pure* pour l'usage interne ne doit pas, en outre, se troubler par l'azotate d'argent, par les sels solubles de baryte et par l'oxalate d'ammoniaque.

La glycérine anglaise, dite *de Price*, possède toutes ces qualités et se recommande sous le rapport de son grand état de pureté chimique.

I

Iode. — Ce métalloïde doit se volatiliser sans laisser de résidu lorsqu'on le chauffe dans un tube ou un petit ballon. Il est *entièrement* soluble dans l'alcool bouillant, l'éther, le chloroforme et le sulfure de carbone, ainsi que dans l'iodure de potassium et la potasse caustique.

Iodure de plomb. — D'une belle couleur jaune. L'acide AZ O5 le décompose subitement en mettant son iode en liberté. Un gramme d'iodure de plomb trituré avec deux grammes de chlorhydrate d'ammoniaque et q. s. d'eau pour former une pâte de consistance de miel doit perdre *complétement sa couleur jaune.* Un iodure qui contiendrait du chromate de plomb conserverait, dans cette expérience, une teinte jaune d'autant plus intense qu'il en renfermerait davantage. Cet essai réussit parfaitement et ne demande que deux minutes pour l'exécuter. Il est important, toutefois, de ne pas ajouter plus d'eau au mélange qu'il n'en faut pour former une pâte coulante, car avec un excès la couleur jaune de l'iodure ne disparaîtrait pas entièrement (1).

Iodure de potassium. — L'iodure du commerce peut contenir des chlorures et des bromures. Pour s'assurer s'il est exempt des premiers, on en fait dissoudre quelques grammes dans q. s. d'eau distillée ; on verse un léger excès d'une solution de nitrate acide d'argent dans la liqueur, qui y occasionne un abondant précipité que l'on lave bien à l'eau distillée par décantation ; on traite ensuite ce précipité par l'ammoniaque en léger excès qui dissout le chlorure d'argent, si le précipité en contient, sans agir sensiblement sur l'iodure. En saturant l'ammoniaque étendue par de l'acide azotique, on met en évidence le chlorure d'argent, qui se précipite si l'iodure essayé en contenait.

Pour constater la présence du bromure de potassium dans l'iodure, on en prend 3 ou 4 grammes que l'on fait dissoudre dans de l'eau pure, on verse dans la solution un excès de sulfate de cuivre, puis on fait arriver dans la liqueur un courant d'acide sulfureux. On précipite de la sorte tout l'iode à l'état d'iodure de cuivre. Dans la liqueur

(1) Nous avons cependant observé qu'un gramme d'iodure de plomb trituré avec 4 grammes de sel ammoniac et 50 grammes d'eau donnait un mélange qui ne conservait plus qu'une très-légère teinte jaune serin au bout d'une heure.

séparée du précipité, on verse de l'eau chlorée et de l'éther pur ou du sulfure de carbone. Le brome mis en liberté se dissout par l'agitation dans l'un ou l'autre de ces dissolvants qu'il colore en jaune plus ou moins foncé.

L'iodure de potassium doit toujours être choisi le plus neutre possible.

Iodure mercureux *(protoiodure)*. — Il est d'une couleur *jaune verdâtre* et devient *rouge violacé* lorsqu'on le chauffe dans un tube, puis jaune en se refroidissant. Il contient souvent du *bi-iodure*, que M. Mialhe conseille de lui enlever par un lavage à l'alcool bouillant. Mais on peut avantageusement substituer à l'alcool une faible dissolution d'iodure de potassium, ainsi que nous nous en sommes assuré.

Iodure mercurique (*deuto-iodure*). — Il est d'une belle couleur rouge vermillon et doit se dissoudre *complétement* dans une solution concentrée d'iodure de potassium. Lorsqu'on le chauffe dans un tube, sur la lampe à alcool, il devient jaune.

K

Kermès minéral. — D'une couleur *brun marron*. Choisir de préférence, celui qui a l'aspect velouté et qui est léger. Le kermès pur chauffé à l'ébullition dans un tube avec de l'acide chlorhydrique doit s'y dissoudre à peu près complétement en dégageant de l'acide sulfhydrique, et la solution ne doit pas *être plus colorée que l'acide employé pour faire l'essai*. Une solution concentrée de potasse caustique dissout aussi à l'ébullition le kermès pur ; il ne reste en suspension que quelques légers flocons grisâtres qui se déposent par le repos, et la liqueur surnageante doit être incolore.

M

Magnésie calcinée. — A peine soluble dans l'eau, mais complétement soluble *sans effervescence* dans les acides étendus. Elle ne doit pas non plus perdre sensiblement de son poids lorsqu'on la calcine de nouveau.

Le mode d'essai suivant proposé par M. A. Vée et un peu modifié par nous, peut servir facilement à constater la présence de la chaux et de l'alumine dans la magnésie calcinée lorsque ces bases s'y trouvent en quantité un peu notable : on prend un gramme de magnésie que l'on fait dissoudre dans quantité suffisante d'acide sulfurique dilué. Quand la dissolution est opérée, on ajoute assez d'eau distillée pour compléter 100 grammes de dissolution : on agite et l'on sépare en deux parties égales. Dans l'une on ajoute 50 grammes d'alcool à 90 qui ne tarde pas à y occasionner la précipitation du sulfate de chaux s'il y en a beaucoup. Dans l'autre portion on verse un léger excès de bicarbonate de potasse qui n'y produit aucun trouble si la magnésie est exempte d'alumine ; tandis que, dans le cas contraire, elle ne tarde pas à devenir louche, et à la longue elle laisse déposer un précipité floconneux d'hydrate d'alumine qui, *après avoir été bien lavé*, doit disparaître complétement au contact de quelques gouttes d'une solution de potasse caustique.

N

Narcéine. — Elle diffère de la codéine par sa forme cristalline (aiguilles soyeuses et allongées), par son insolubilité dans l'éther et sa solubilité dans les alcalis. Elle est légèrement soluble dans l'eau froide et davantage dans l'eau bouillante. L'acide azotique la jaunit simplement et les sels de sesquioxyde de fer ne la colorent pas en bleu ; ces deux caractères la distinguent de la morphine.

Coüerbe avait observé que les acides étendus de moitié de leur poids d'eau produisaient avec la narcéine des phénomènes de coloration remarquables. Ainsi d'après ce chimiste, au moment du contact il y a coloration en beau bleu pur et si l'on absorbe l'eau au moyen de la magnésie le mélange devient rose. Aussi, à cause de cette propriété, proposa-t-il de donner à ce principe immédiat le nom de *caméléon végétal.*

Disons toutefois que les chimistes qui ont répété cette expérience n'ont pas toujours obtenu les résultats annoncés par Coüerbe.

P

Pepsine officinale. — Voici, d'après une commission de la Société de Pharmacie de Paris dont M. le professeur Guibourt a été le rapporteur, les principaux caractères de ce produit, encore mal défini selon nous :

Substance de consistance de pâte ferme, de couleur ambrée, d'une odeur peu agréable, mais non putride et d'une saveur acidule. Elle se dissout lentement à froid dans l'eau distillée sans laisser plus d'un ou deux centièmes de résidu ; mise en contact avec la fibrine humide, dans certaines conditions, elle exerce sur cette matière une action différente des acides dilués (acides chlorhydrique, lactique et tartrique notamment) et comparable, dans la limite des expériences faites, à celle du suc gastrique. Ainsi, elle la transforme pour la plus grande partie en une substance soluble que l'acide azotique ne précipite pas à froid de sa dissolution, tandis que la dissolution de fibrine désagrégée au moyen des acides dilués *donne constamment* un précipité blanc caillebotté avec le même acide.

La dissolution de pepsine *officinale* dans l'eau distillée doit donner avec l'alcool rectifié un précipité très-abondant, mais elle ne doit se troubler ni par le bichlorure de mercure, ni par l'acide azotique. Ces deux derniers caractères la distinguent, comme on voit, nettement de l'albumine.

Mais la pepsine dont nous venons de donner les principaux caractères n'est pas employée telle ; elle est la base de la *pepsine médicinale*, préparation consacrée par l'usage dans laquelle elle se trouve amenée à l'état pulvérulent au moyen de l'amidon. Cette *pepsine médicinale* qui, en outre de l'amidon, doit aussi contenir *par chaque dose d'un gramme* la proportion nécessaire d'acide tartrique pour que son acidité devienne équivalente à 0,19 de carbonate de soude sec possède pour *caractère essentiel*, à la dose susmentionnée d'un gramme, de désagréger complétement 6 grammes de fibrine fraîche (1) délayée dans 25 grammes d'eau, par une digestion de trois à quatre heures à la température de 40 à 45 degrés. Or, comme c'est presque toujours à l'état de pepsine médicinale que ce produit est livré aux pharmaciens qui ne le préparent pas, ils auront à s'assurer si un gramme placé dans les conditions ci-dessus indiquées peut transformer 6 grammes de fibrine.

(1) On se procure facilement de la fibrine pour faire cet essai en battant avec un balai d'osier du sang frais de bœuf, de veau ou de mouton. La fibrine qui est en dissolution dans le sang devient insoluble et s'attache aux brins d'osier sous la forme de filaments ; on la lave à grande eau pour la débarrasser de la matière colorante jusqu'à ce qu'elle soit blanche ou à peine rosée et qu'elle ressemble à de la charpie mouillée. Avant de l'employer, on la presse dans un linge sec jusqu'à ce qu'elle cesse de le mouiller, puis on la pèse.

S

Sels de morphine. — Est-il besoin de rappeler que ces sels, comme la morphine elle-même, sont solubles dans la potasse caustique; qu'ils rougissent fortement au contact de l'acide azotique, bleuissent par les sels de sesquioxyde de fer et qu'ils réduisent l'acide iodique. L'*acétate de morphine* qui est incomplétement soluble dans l'eau doit laisser dégager une odeur de vinaigre lorsqu'on l'arrose avec de l'acide sulfurique très-dilué. Le *chlorhydrate* et le *sulfate* sont entièrement solubles dans l'eau. Le premier donne avec l'azotate d'argent un précipité cailleboté, et le sulfate précipite par l'azotate de baryte.

Soufre doré d'antimoine. — Il doit être d'une belle couleur *jaune orangé*. Comme le kermès, il se dissout *à l'ébullition* dans l'acide chlorhydrique en donnant une solution *jaunâtre un peu laiteuse*; et dans la potasse caustique à l'exception de quelques légers flocons gris qui se déposent aussitôt que l'ébullition de la liqueur cesse. La solution est jaune et elle laisse déposer le soufre doré lorsqu'on la sature par l'acide chlorhydrique.

Strychnine. — Elle est en petits cristaux octaédriques ou en prismes à quatre pans terminés par des pyramides à quatre faces ; sa saveur est d'une amertume excessive ; elle est assez soluble dans l'alcool à 80° et faiblement soluble dans l'éther. *Elle ne doit pas rougir au contact de l'acide azotique.*

La strychnine mélangée d'un atome d'acide plombique (oxyde puce de plomb) prend au contact d'une ou deux gouttes d'acide sulfurique, ainsi que M. Eug. Marchand l'a observé le premier, une belle couleur bleue qui passe rapidement au violet, puis au jaune rougeâtre. En substituant un peu de bichromate de potasse à l'oxyde de plomb, M. Otto a fait voir que l'on obtenait la même coloration violette *caractéristique de la stryohnine.*

Sulfate de quinine. — Ce sel, sans contredit le plus important de la thérapeutique, doit être blanc, cristallisé en aiguilles déliées d'une saveur très-amère. Il est soluble dans environ 700 parties d'eau froide et dans 30 parties d'eau bouillante. Il doit se dissoudre sans laisser de résidu dans l'eau aiguisée d'acide sulfurique, ainsi que dans l'alcool à 85 centièmes *à chaud.*

L'acide sulfurique concentré ne doit le colorer ni en brun ni en rouge. La coloration en brun indiquerait la présence du sucre et la couleur rouge celle de la salicine.

Le sulfate de quinine pur mis à bouillir dix à quinze minutes avec 15 à 20 fois son poids d'eau distillée fortement acidulée par l'acide sulfurique ou chlorhydrique, doit donner une liqueur qui reste limpide. Si elle se troublait et devenait *laiteuse,* c'est que le sulfate serait mélangé de salicine. Dans cette expérience, la substance qui rendrait la liqueur laiteuse serait la *salirétine*, dont la production dans cette circonstance est toujours accompagnée de *glycose.* Aussi, en filtrant le produit de la réaction pour séparer la salirétine, précipitant la quinine par un excès de potasse, pourrait-on facilement constater dans la liqueur redevenue limpide la présence de la glycose, et même la doser au moyen de la liqueur de Fehling.

La réaction suivante est également très-propre à démontrer la présence de la salicine dans le sulfate de quinine : on introduit dans une petite fiole ou un petit ballon 1 gramme 50 de sulfate à essayer, 40 de bichromate de potasse pulvérisé, et l'on verse sur ce mélange 0,80 d'acide sulfurique étendu de 5 grammes d'eau distillée ; on laisse réagir une demi-heure, et au bout de ce temps on adapte au ballon un tube recourbé propre à conduire les vapeurs dans un petit flacon contenant 10 à 15 grammes d'eau distillée. L'extrémité du tube doit plonger de quelques millimètres dans l'eau du récipient. Tout étant ainsi disposé, on fait bouillir le contenu du ballon sur la lampe à alcool, et si le sulfate soumis à cet essai contient de la salicine, l'eau du récipient ne tarde pas à présenter l'odeur de l'*hydrure de salycile*, et à prendre une belle couleur violacée par l'addition d'une ou deux gouttes d'un sel de fer au maximum.

Le procédé suivant est devenu *officiel* pour constater la présence des sulfates de cinchonine et de quinidine qu'on ajoute quelquefois par fraude au sulfate de quinine, mais dont la présence dans ce sel pourrait aussi résulter d'une purification insuffisante.

On prend un gramme de sulfate que l'on introduit dans un flacon long et étroit ou dans un tube de 20 à 25 centimètres cubes de capacité, on verse sur le sulfate 10 centimètres cubes d'éther contenant 4 à 5 p. 100 d'alcool à 90°(1) ; on agite le mélange afin de bien diviser le sulfate, et l'on y ajoute deux centimètres cubes d'ammoniaque. Lorsque le sulfate est pur, il se dissout sans résidu dans le mélange d'éther et d'ammoniaque ; mais s'il renferme de la cinchonine ou de la quinidine, ces bases restent indissoutes et forment un dépôt blanc entre les deux liquides aqueux et éthéré.

(1) La note officielle recommande d'employer de l'éther exempt d'alcool, mais il a été démontré dans ces derniers temps que c'était à tort, parce que, dans ce cas, le mélange était susceptible de se prendre en une sorte de gelée formée en grande partie de quinine insoluble.

T

Tartrate borico-potassique. — Bien préparé, il doit se dissoudre facilement dans *l'eau froide.* Il arrive cependant assez souvent que celui que l'on trouve dans les pharmacies ne possède pas ce caractère. Dans ce cas, selon nous, il faut le rejeter. On en trouve aussi quelquefois qui, au lieu d'avoir été préparé par combinaison chimique, comme le prescrit le Codex, n'est *qu'un simple mélange* en poudre fine de crême de tartre et d'acide borique, soluble seulement dans *l'eau bouillante.* Si l'on agite quelques grammes de cette poudre pendant une ou deux minutes avec de l'alcool concentré, celui-ci, après avoir été filtré, possède, lorsqu'on l'enflamme, la propriété de brûler *avec une flamme verte.*

V

Valérianate de quinine. — Il doit être parfaitement cristallisé, soluble dans l'alcool, peu soluble dans l'eau. Les acides étendus en isolent l'acide valérianique, reconnaissable à son odeur spéciale. A diverses reprises, ce sel a été trouvé mélangé de sulfate de quinine, et nous avons nous-même plusieurs fois constaté cette fraude.

Pour s'assurer si le valérianate de quinine est pur, on en prend 20 à 30 centigrammes, que l'on fait dissoudre dans 20 grammes d'eau distillée à la faveur de quelques gouttes d'acide chlorhydrique, puis on verse dans le soluté un peu de chlorure de baryum qui ne doit pas troubler la liqueur si le valérianate est exempt de sulfate, tandis que, dans le cas contraire, il y occasionnerait un *trouble blanc plus ou moins abondant* (selon la proportion de sulfate), auquel succéderait un précipité insoluble dans l'acide azotique.

Valérianate de zinc. — Il est toujours sous la forme de paillettes brillantes, légères et nacrées; l'eau froide en dissout peu; à l'ébullition, elle le décompose en acide valérianique qui se volatilise et en valérianate basique insoluble. Quand on soumet ce sel à la distillation, dans une petite cornue tubulée, avec trois ou quatre fois son poids d'acide sulfurique étendu de parties égales d'eau, le produit qui passe dans le récipient *ne doit pas donner de précipité blanc bleuâtre avec l'acétate de cuivre*; ce qui aurait lieu si, comme on l'a déjà constaté, il renfermait du butyrate de zinc.

Ici se termine notre travail.

Nous avons cru inutile de donner plus de développements à ce second chapitre, dans lequel, comme on le voit, nous ne nous sommes occupé que des produits chimiques *presque exclusivement employés en médecine.*

Nous renvoyons aux Traités de chimie pour ce qui concerne ceux qui sont autant du domaine des arts et de l'industrie que du domaine de la thérapeutique.

TABLE DES MATIÈRES

CHAPITRE PREMIER

A

ALCOOLATS

ALCOOLATS COMPOSÉS

B

C

D

E

EMPLATRES

EXTRAITS

F

G

H

L

M

O

P

POUDRES

T

TABLETTES

TEINTURES

TEINTURES COMPOSÉES

V

VINS MÉDICINAUX

—

CHAPITRE II

PRÉPARATIONS ET PRODUITS CHIMIQUES

A

B

C

E

F

Evreux, A. Hérissey, imp. — 366.

www.ingramcontent.com/pod-product-compliance
Ingram Content Group UK Ltd.
Pitfield, Milton Keynes, MK11 3LW, UK
UKHW020240220726
13923UKWH00002B/762